Abdellah Elouiazzani
Mohamed Elghachi

Dinâmica fluvial atual do oued Lakhdar: cartografia e análise

Abdellah Elouiazzani
Mohamed Elghachi

Dinâmica fluvial atual do oued Lakhdar: cartografia e análise

Dinâmica fluvial atual do Wadi Lakhdar a jusante da barragem de Hassan I

ScienciaScripts

Cover image: www.ingimage.com

This book is a translation from the original published under ISBN 978-620-6-70091-3.

Publisher:
Sciencia Scripts
is a trademark of
Dodo Books Indian Ocean Ltd. and OmniScriptum S.R.L publishing group

120 High Road, East Finchley, London, N2 9ED, United Kingdom
Str. Armeneasca 28/1, office 1, Chisinau MD-2012, Republic of Moldova, Europe
Printed at: see last page
ISBN: 978-620-7-40977-8

Feliz

Agradecimentos 2
Resumo 3
Introdução geral 4
PARTE I 8
PARTE II 31
PARTE III 58
Conclusão geral e perspectivas 110
Bibliografia 111

Obrigado

No final deste trabalho, é com prazer e gratidão que expresso o meu agradecimento a todas as pessoas que, ao longo destes anos, me deram o seu apoio tanto científico como moralmente. Gostaria de expressar a minha profunda gratidão a todos aqueles que contribuíram, direta ou indiretamente, para a produção desta dissertação.

Em primeiro lugar, os meus agradecimentos aos meus professores Mohamed El Ghachi e Abdelmajid Essami, meu orientador desta dissertação, bem como aos meus professores, pela paciência, pela abertura de espírito e pela confiança que depositaram em mim durante todo o processo. Este trabalho. Suas reflexões, seu interesse e sua preocupação nortearam o rumo deste livro de memórias até a sua conclusão.

Gostaria também de agradecer a todas as pessoas que, embora não mencionadas aqui, contribuíram para minha trajetória na área. Entre eles, gostaria de mencionar particularmente Ayoub Elouiazzani. Sem o apoio dos meus entes queridos, que demonstraram compreensão diante das minhas dúvidas e preocupações, eu não teria conseguido concluir este projeto de final de curso. Portanto, um grande obrigado à minha família pela presença, apoio, incentivo, sacrifício e paciência ao longo deste trabalho.

Por fim, a todas as pessoas que contribuíram direta ou indiretamente para a conclusão deste trabalho, estendo-lhes a sincera expressão da minha gratidão.

Resumo

Este trabalho concentra-se no estudo da dinâmica atual dos rios na bacia hidrográfica do wadi Lakhdar, com ênfase em mapeamento e análises. Esta bacia está localizada no extremo nordeste das montanhas do Alto Atlas, estende-se principalmente pela província de Azilal, com uma extensão limitada na província de Kelaa Sraghna. Cobrindo uma área de 3.120,9 km ^{2} e uma extensão de 100,69 km, a bacia hidrográfica de Wadi Lakhdar está integrada ao sistema hidráulico de Wadi Oum Errabia.

As mutações observadas na bacia hidrográfica de Wadi Lakhdar, bem como no curso de água principal, influenciaram principalmente a diversidade de formas fluviais presentes, constituindo indicadores de uma dinâmica ativa. A metodologia adoptada para este estudo inclui o mapeamento de formas fluviais, com particular ênfase na morfologia das margens e fundo do canal. Em seguida, é realizada uma análise estatística dos resultados obtidos, extraídos principalmente de observações de campo, considerando os tipos, trechos, trechos e margens, seguida da identificação da mobilidade do curso d'água. De referir que o exercício cartográfico e analítico é realizado através do software ARCGIS e Excel.

A nível físico, são particularmente marcantes as irregularidades espaciais e temporais do regime pluviométrico e térmico, nomeadamente no que diz respeito às chuvas de verão geradoras de caudais torrenciais. Além de outras características, esses aspectos influenciam a dinâmica fluvial deste rio. Ao nível morfológico, o mapeamento e a análise da morfologia das margens ou fundo do canal revelam uma notável diversidade de tipos de elementos cartografados ao longo do curso de água, com percentagens variadas. A dinâmica fluvial ativa é geralmente governada por dois processos distintos: natural e antropogênico.

Palavras - chave : **Oued Lakhdar - dinâmica fluvial - morfologia - cartografia**

Introdução geral

A dinâmica fluvial (geomorfodinâmica fluvial) é uma disciplina que visa estudar o funcionamento morfodinâmico atual dos ambientes fluviais e traçar a sua história geomorfológica. Tal como os restantes ramos da geomorfologia tem um duplo objectivo: por um lado, deve fornecer uma descrição explicativa detalhada do seu domínio geográfico que é o ambiente fluvial, no sentido espacial do termo, por outro lado deve analisar o processos e mecanismos complexos que interagem e resultam na formação da superfície deste espaço geográfico. (TAOUS.A 2003).

O estudo da dinâmica fluvial em bacias hidrográficas está hoje no centro das preocupações de hidrólogos e outros especialistas. Porque interessar-se pela dinâmica fluvial significa entrar no coração do campo exploratório da hidrologia, ciência que estuda os fenômenos que regem os recursos hídricos e seu lugar no ciclo da água (GRIVEL et AL 2009).

A dinâmica do rio é essencialmente responsável pelas ëvoluções Hëc3 às variações no transporte de sólidos, em resposta a modificações climáticas ou antrópicas das bacias hidrográficas **(LATAPIE, 2011).**

Hoje, os rios tal como os conhecemos são o resultado de uma longa história de mudanças, sejam elas naturais ou antropogénicas. Ao percorrer um curso de água de montante para jusante ao longo das estações ou em intervalos de vários anos, observamos uma grande modificação das paisagens e dos ambientes associados. Explicado por fenômenos físicos e biológicos porque os rios não são secos, eles evoluem no espaço e no tempo.

Neste contexto, esta dissertação centrar-se-á no estudo dos problemas da actual dinâmica fluvial na bacia hidrográfica do wadi Lakhdar antropizada com questões de ordem muito importantes: ecológica, económica, turística e de concentração e d ferramentas para a gestão global no nível da bacia, preservação da dinâmica do rio e problemas Hë3 ao transporte sólido deste curso de água e ao assoreamento da barragem Hassan II e da barragem Sidi Driss.

Apresentação da área de estudo:

Com área de 3.120,9 km ^{2} e extensão de 100,69 km, a bacia hidrográfica de Wadi Lakhdar faz parte do sistema hidráulico de Wadi Oum Errabia. A bacia do wadi Lakhdar é drenada pelo wadi de mesmo nome, um afluente do wadi Oum Er Rabia. É limitado a sul e sudeste pelas montanhas do Alto Atlas e a oeste pela bacia de Tassaout. A bacia hidrográfica de Lakhdar tem muitos afluentes, incluindo: Wadi Mhasser, Assif Ghzaf, Wadi Tiainit e Wadi Bernat, o principal afluente de Wadi Lakhdar. Estende-se principalmente pela região de Бёш Mellalkhnifra, província de Azilal, mas invade ligeiramente a província de Kelaa Sraghna, região de Marrakech-Safi.

Mapa 1: a localização geográfica da bacia hidrográfica de Wadi Lakhdar

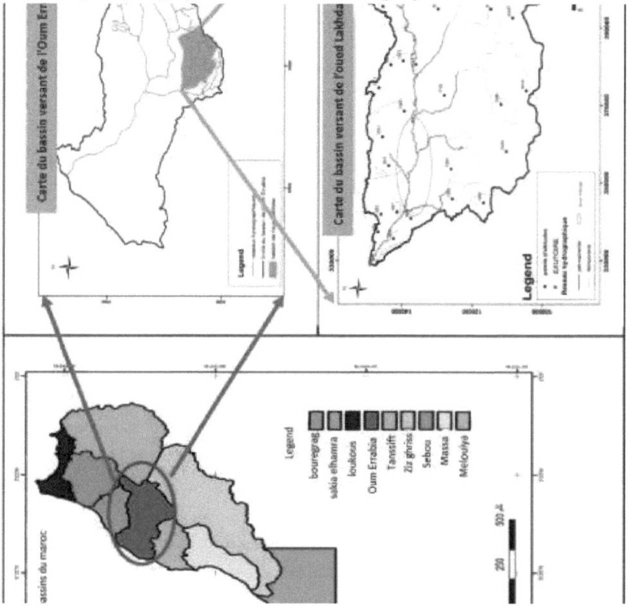

Problemático:

A área de estudo está localizada entre a barragem Hassan 1ª e a barragem Sidi Driss, é um espaço antrópico. No leito do curso de água principal observamos uma grande modificação das paisagens ao longo das estações. O curso de água principal de Wadi Lakhdar mede 126 km com uma inclinação média de 1,24% e uma extensão total da rede hidrográfica de aproximadamente 2.263 km. A bacia hidrográfica de Wadi Lakhdar tem aproximadamente 4 vezes mais comprimento que largura, este formato, bastante compacto, permitirá uma concentração relativa do fluxo.

O curso de água de Wadi Lakhdar é uma bacia montanhosa, pelo que apresenta uma dinâmica fluvial ativa com erosão das margens e numerosos meandros que se deslocam ao longo do tempo.

O problema deste estudo é identificar o funcionamento hidrológico da bacia hidrográfica e determinar a evolução geomorfológica do curso d'água principal. Assim, identificar o impacto da dinâmica atual do rio na morfologia do leito (margens e fundo do canal) e mapear as formas do leito menor e do fundo do canal.

Este problema está dividido em várias questões:

- Quais são as características naturais e humanas da bacia do Lakhdar wadi?
- Quais são as características climáticas e hidrológicas da bacia do Lakhdar wadi?
- Qual o impacto da dinâmica fluvial na morfologia das margens e do fundo do canal?

Metodologia de trabalho :

O estudo da dinâmica fluvial, como qualquer estudo científico, exige que o investigador siga uma metodologia bem definida que permita atingir objetivos fixos.

O método escolhido neste projeto de final de estudo consiste em tentar compreender a atual dinâmica fluvial de Wadi Lakhdar. Esta metodologia foi inspirada principalmente no trabalho de doutorado intitulado: “O seille, um sistema fluvial antropizado” (ELGHACHI.M 2007) e no artigo intitulado: “os indicadores da evolução atual dos leitos dos rios” (CARBONNOIS et AL 2016).

Para definir os principais objetivos do trabalho (Determinar o funcionamento hidrológico do curso de água e mapear a morfologia fluvial) propomos a abordagem estatística e técnica.

Esta abordagem é realizada através de ferramentas informáticas (software de processamento de dados). O tratamento estatístico dos dados de temperaturas, precipitação, tipos de bancos, fundo do canal e secções transversais foi realizado através do Excel e da utilização de software de mapeamento, especialmente ARCGIS.

A abordagem estatística e técnica permitirá fornecer uma boa visão da distribuição espacial da dinâmica de Wadi Lakhdar e para a análise do mapeamento da morfologia das margens e do canal.

Os objetivos deste estudo:

Todos os objetivos principais e secundários traçados para este tema da memória são:

- Determinar as características físicas e humanas da bacia hidrográfica de Wadi Lakhdar
- Determinar o funcionamento hidrológico da bacia de Wadi Lakhdar:
- Analisar estatisticamente dados de estações climáticas na bacia
- Identificar a resposta hidrológica da bacia durante eventos climáticos: (precipitação, construção).
- Mapear a morfologia das margens do L oued lakhdar.
- Mapeie a morfologia do fundo do canal.
- Analisar estaticamente os resultados obtidos por tipologias, por secção, por bancos, por unidades.
- Identificar os processos antropogénicos e naturais que controlam a dinâmica dos rios.

Critérios para escolha da disciplina e área de estudo:

As motivações que levaram à escolha desta disciplina são de dois tipos, pessoais e científicas:

Motivações pessoais:

- A vontade de realizar trabalhos sobre a temática da dinâmica fluvial.
- A vontade de continuar a trabalhar na mesma área do meu projecto de final de estudos da licenciatura “exploração agrícola nas zonas de inundação de Oued M'hasser”.

Motivações científicas:

- A localização da bacia hidrográfica (alto atlas central) que coloca inúmeros problemas associados à gestão, especialmente a barragem de Sidi Driss.
- A bacia hidrográfica de Wadi Lakhdar é uma bacia montanhosa que apresenta uma elevada concentração de precipitação, portanto uma forte dinâmica de montante para jusante.
- Falta de estudos científicos sobre o tema da dinâmica fluvial, especialmente em Marrocos.

Dados usados:

Os dados utilizados neste estudo estão divididos em quatro categorias principais:

- A primeira categoria diz respeito essencialmente à documentação que consiste em pesquisas sobre o tema de estudo: teses de doutorado, dissertações de mestrado, trabalhos, artigos, fotografias, mapas topográficos, geológicos, etc.
- A segunda categoria inclui, mais particularmente, a recolha de dados climáticos e hidrométricos. Os dados de precipitação e temperatura seleccionados foram obtidos da Agência da Bacia Hidráulica de Oum Errabia, bem como da direcção provincial de águas e

florestas (Azilal).

- A terceira categoria diz respeito essencialmente à visita de campo. Esta é a parte operacional do estudo, que apresenta a origem das informações atuais.
- A quarta categoria inclui o exercício cartográfico, que se baseia em dados extraídos de campo e derivados de análises espaciais em SIG utilizando MDEs, fotografias, imagens do Google Earth e estatísticas em Excel.

PARTE I

As características físicas e humanas da bacia hidrográfica de Oued Lakhdar

Capítulo 1: As características físicas da bacia hidrográfica do Wadi Lakhdar.

Introdução :

Este capítulo discute as características naturais mais importantes que definem a bacia hidrográfica de Wadi Lakhdar. Para examinar a dinâmica fluvial e a evolução geomorfológica do rio principal, é necessário estudar as características dos cursos de água dentro dos limites da bacia, particularmente no rio principal.

Durante este capítulo, examinaremos as características morfométricas, os fatores naturais (estrutura, geologia, clima, vegetação, bem como a hidrologia) e seu papel na dinâmica dos rios. **Topografia e domínio morfológico:**

O Mapa 4 apresenta a topografia do terreno ao nível da bacia do Wadi Lakhdar. A altitude varia entre 488m ao nível do Wadi Tassaout e 4017m ao nível do Alto Atlas. Existem três zonas morfológicas principais diferentes:

- Uma zona montanhosa (altitude > 1500 m, declive médio 9,5%) que representa aproximadamente 52% da área de toda a sub-bacia e que coincide com a zona de abastecimento do wadi Lakhdar e dos seus principais afluentes.
- Uma zona piemonte (800m<altitude<1500m, declive médio 1,3%) representando aproximadamente 31% da superfície da bacia e que corresponde à zona de disponibilidade relativa de água superficial e irrigação tradicional a partir de amostragem de água nos rios. .
- Uma área plana (altitude <800 m, declive médio 0,7%) e que geralmente corresponde às áreas agrícolas do Bour e ao desenvolvimento de bombeamento do aquífero.
- A zona de planície ocupa cerca de 17% da área da sub-bacia de Lakhdar.

As características morfométricas e hipsométricas da bacia hidrográfica do Wadi Lakhdar:

As declividades e o formato da bacia influenciam diretamente na velocidade de concentração da água na saída. Os índices morfométricos ajudam a determinar as características físicas das condições de circulação da água e fornecem informações sobre a configuração geral da bacia hidrográfica. **(ELGHACHI, 2008)** .

Para isso, tentaremos estudar os parâmetros quantitativos que podem ajudar a compreender a dinâmica fluvial na bacia hidrográfica de Wadi Lakhdar: área superficial, perímetro, comprimento, largura, índice de compacidade, índice de retângulo equivalente, índice de declividade, faixas de altitude...

Índices morfométricos da bacia:

Existem vários métodos para quantificar as características de uma bacia hidrográfica.

Aplicamos as três fórmulas mais comuns.

1. A forma:

A forma de uma bacia hidrográfica influencia a forma do hidrograma na saída da bacia hidrográfica. Por exemplo, uma forma alongada favorece, para uma mesma precipitação, caudais de cheia de pico baixos, devido a tempos de transporte mais longos da água até à saída. Este fenômeno está ligado à noção de tempo de concentração.

Área :

A superfície da bacia hidrográfica é a característica mais importante, geralmente expressa em Km^2 . No caso da área da bacia hidrográfica de Wadi Lakhdar, calculamos diretamente através do ARCGIS e obtivemos o seguinte resultado:

A= 3120,9 Kim

O perímetro:

O perímetro de uma bacia hidrográfica é o seu comprimento, geralmente expresso em km da curva de nível da bacia hidrográfica.

P = 335,23 Km

O índice de compacidade de "Gravelius":

Este índice (Kc) permite comparar a forma da piscina com um círculo. É igual a 1 para uma bacia circular e aumenta ainda mais à medida que a compactação diminui.

Kc = 0,28

7 litros

Com :

Kc : Coeficiente de compacidade de Gravelius.

P: perímetro estilizado da bacia (Km)

A: superfície da bacia (Km ^{2}).

Nós achamos :

Kc = 1,68

Imagem n°1: Índice de Gravelius e caracterização do formato das bacias hidrográficas

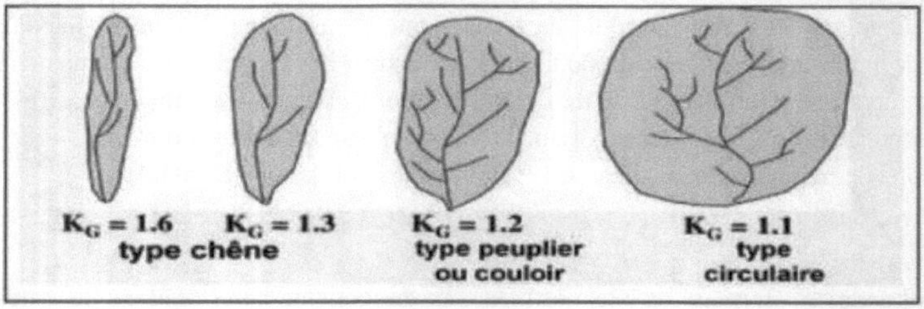

Morfologicamente, o elevado valor do índice de compacidade (kc= 1,68) reflete o formato alongado da bacia hidrográfica.

O índice de retângulo equivalente:

Trata-se de uma transformação geométrica que permite comparar a bacia a um retângulo com o mesmo perímetro e a mesma superfície. O índice do retângulo equivalente é expresso da seguinte forma:

$$Ir = \frac{Lr}{ir}$$

Com :

Lr: comprimento do retângulo equivalente (km).

ir: a largura do retângulo equivalente (km).

Kc: Índice de compacidade de Gravelius.

Nós achamos :

$$Ir = \frac{100.69}{52.69} = 1.91$$

Tabela 1: Características morfométricas da bacia hidrográfica de Wadi Lakhdar

Índice de forma		BV de Oued Lakhdar
TEM	Área em Km ^{2}	3120,9
P	Рейтёйс em Km	335,23

Eu	Maior comprimento da bacia na saída em km	100,69
ei	Maior largura da bacia perpendicular ao comprimento em km	52,69
Ke	Indie compacto	1,68
RI	O índice do retângulo equivalente	1,91

Fonte: Bacia DEM

A bacia hidrográfica de Wadi Lakhdar é caracterizada por uma extensão significativa de aproximadamente 100 km, enquanto sua largura não ultrapassa 52,69 km, e portanto esta bacia assume a forma aПопдёе , o que torna a resposta hidrológica lenta.

Mapa 2: morfometria da bacia hidrográfica de Wadi Lakhdar

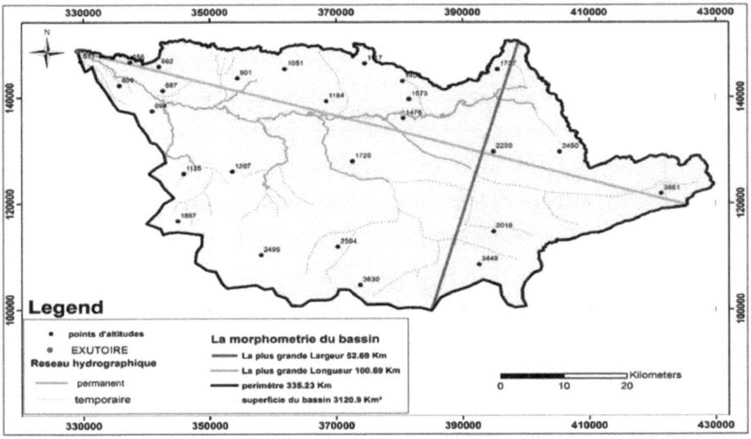

Fonte: M�T du bassin, produzido por Abdellah Elouiazzani

As características hipsométricas do BV de Oued Lakhdar:

O estudo da hipsometria sim feito a partir de um modelo digital de terreno (DEM). O objetivo do estudo hipsométrico é descrever o relevo determinado pela organização espacial das altitudes, que influencia as variações climáticas e condiciona principalmente a velocidade de transferência da água. (**EL GHACHI, 2008**).

Faixas de altitude:

As altitudes refletem a morfologia da bacia hidrográfica. A altitude desempenha um papel significativo no aumento e na natureza da precipitação, tendo consequentemente uma ligação com o fluxo na saída da bacia **(BOUDHAR, 2009).**

A tabela e a figura abaixo mostram a distribuição das diferentes faixas de altitude na bacia hidrográfica de Wadi Lakhdar e suas superfícies, bem como seus percentuais.

Tabela 2: Faixas de altitude em BV de Oued Lakhdar

Faixas de altitude (m)	Área (Km^2)	Porcentagem da parcela %
543-977	572.657	14,88
977-1411	822.216	21h36
1411-1845	771.039	20.03
1845-2280	869.988	22h60
2280-2714	446.122	11h59
2714-3148	245.234	6,37
3148-3582	111.531	2,90
3582-4017	10.166	0,26

Fonte: Bacia DEM

Os resultados da tabela acima e da figura abaixo mostram que a fatia mais representada é a de 1845 a 2280 m quase 22,6% da bacia, as fatias menos representadas são: a fatia 3148 a 3582 m com 2,90% e a parcela 3582 tem 4.017 m com 0,26%.

Figura 1: As percentagens das faixas de altitude do BV de Oued Lakhdar

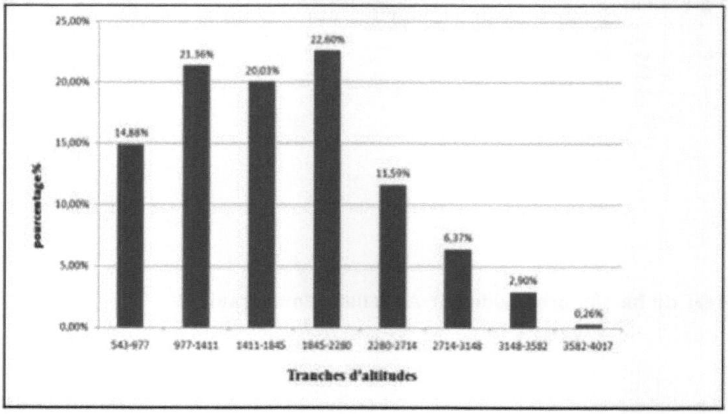

Fonte: M�T du bassin See More

A curva hipsométrica:

Partindo da distribuição por faixas de altitude da bacia (tabela nº 2), temos ë 1 aЬH a curva hipsométrica. Desenharemos a curva de frequência com as porcentagens das áreas e as altitudes em ordem.

Figura 2: curva hipsométrica da bacia hidrográfica de Wadi Lakhdar

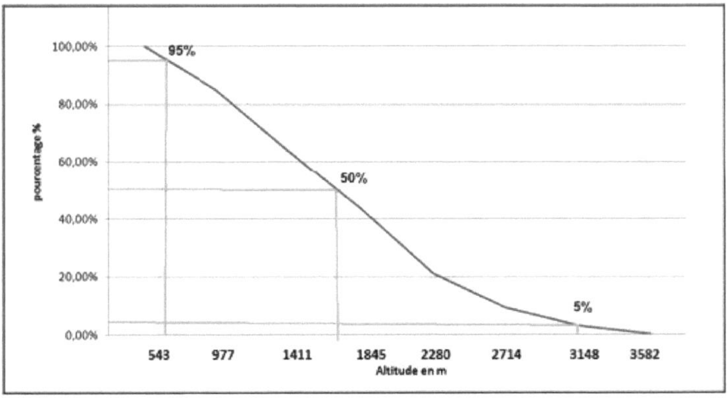

Fonte: Bacia DEM

Mapa 3: Hipsometria da bacia hidrográfica de Wadi Lakhdar

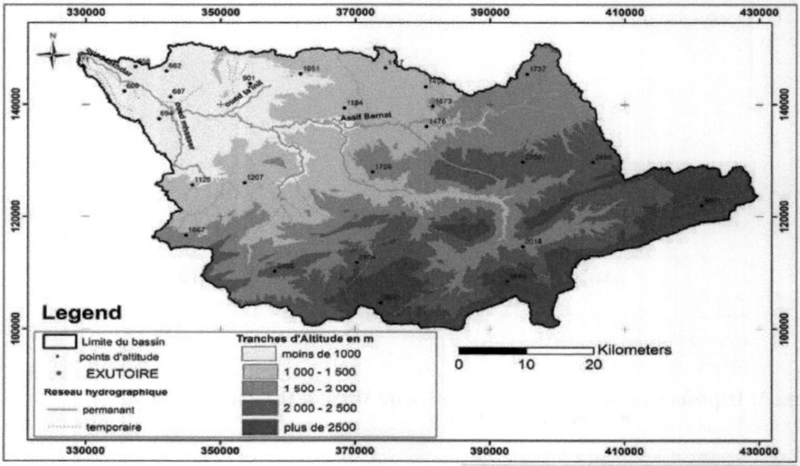

Fonte: MNT du bassin, produzido por Abdellah Elouiazzani

A partir deste mapa, vemos que as altitudes mais elevadas estão localizadas no sul e leste da bacia e as altitudes mais baixas estão localizadas no noroeste. O mapa n°3 apresenta a topografia do terreno ao nível da bacia do Wadi Lakhdar. A altitude varia entre 543m ao nível do Wadi Tassaout e 4017m ao nível do Alto Atlas. Podemos observar que a fatia mais representada é a de 1845 a 2280 m, quase 22,6% da bacia, as fatias menos representadas são: a fatia 3148 a 3582 m com 2,90% e a fatia 3582 a 4017 m com 0,26%.

Altitudes características:

Altitude máxima e mínima:

A altitude máxima representa o ponto mais alto na bacia enquanto a altitude mínima considera o ponto mais baixo, geralmente na saída. Estas duas variáveis tornam-se especialmente importantes durante o desenvolvimento de certas relações que envolvem variáveis climatológicas: precipitação, temperatura e cobertura de neve e também estão envolvidas no cálculo da inclinação.

*Altitude máxima = 4017 m.

*Altitude mínima = 543 m.

A elevação total (DT):

A elevação total do BV = altitude máxima - altitude mínima.

DT= 4017 -543 = **3474m**

A diferença de altura útil do BV (DU):

DU= a turma que apresenta 5% - a turma que apresenta 95%.

DU = 3148 - 543 = 2605 m.

O sistema de inclinação:

O índice de declividade tem como objetivo caracterizar as declividades da bacia (LABORDE, 2000), e permitir comparações e classificações dos relevos da área de estudo. A inclinação desempenha um papel fundamental no fluxo da água. Podemos definir a inclinação média (P) de uma bacia utilizando a razão entre a cota total da bacia (DT) ou a cota útil (DU) e o comprimento do retângulo equivalente (Lr) (Roche, 1963).

Neste contexto abordamos os dois índices seguintes:

O índice geral de inclinação (Ig):

Ig = DT/LR

Com :

Ig: índice de declividade geral.

DT: o desenvolvimento total do BV.

Lr: comprimento do retângulo ëдшya 1 eп 1:.

Encontramos : Ig = **(3474 m / 100,69 Km) = (3474m / 100 690m)**

Então Ig = 0,035

Tabela 3: Classificação dos relevos segundo Ig pelo ORSTOM

Relevos muito fracos	Ig<0,002
Baixos relevos	0,002 < Ig < 0,005
Relevos bastante baixos	0,005 < Ig < 0,01
Relevos Modërë	0,01 < Ig < 0,02
Relevos bastante fortes	0,02 < Ig < 0,05
Fortes relevos	0,05 < Ig < 0,5

Relevos muito fortes	Ig > 0,5

O valor de Ig encontrado: **0,02 <Ig= 0,035< 0,05** indica que o relevo da bacia hidrográfica do wadi
Lakhdar é bastante forte.

O índice de inclinação útil (PU):

PU = DU/Lr

Com :

PU: índice de inclinação útil.

DU: o desenvolvimento útil do BV.

Lr: comprimento do retângulo ёдшуакп !

Então : PU = **(2605 m/ 100,69 Km) = (2605/100 690m)**
= 0,026

Mapa 4: A encosta na bacia hidrográfica de Wadi Lakhdar

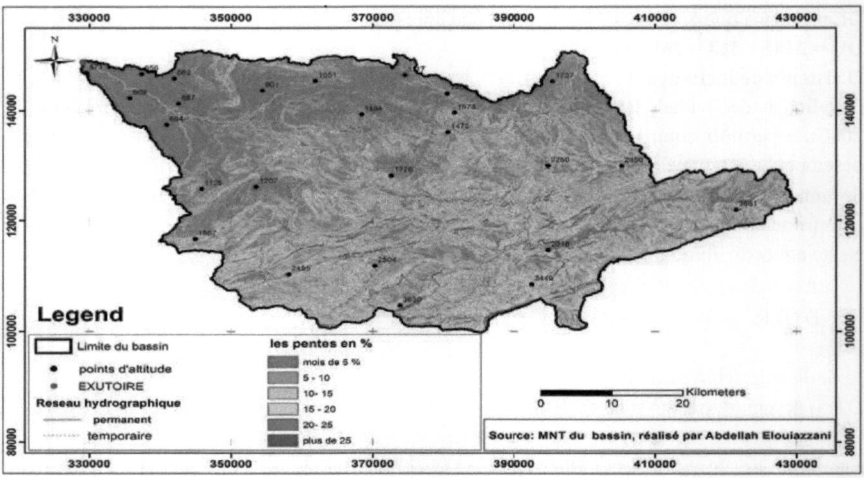

Fonte: MNT du bassin, produzido por Abdellah Elouiazzani

Elevação específica (DS):

O índice Ig diminui para a mesma bacia quando a área superficial aumenta, por isso foi difícil comparar bacias de tamanhos diferentes. A diferença de altura específica Ds não apresenta esta desvantagem (Laborde, 2009): deriva da inclinação global Ig corrigindo-a para o efeito de superfície admitido ser inversamente proporcional a DS = Ig x VA.

DS =0,035x3120,9 = 109,23

A profundidade específica depende, portanto, apenas da hipsomopatia (D = H5% -H95%) e da forma da pelve (l/L). Dá origem a uma segunda classificação ORSTOM, dependendo das superfícies das bacias:

Tabela 4: Classificação dos relevos segundo DS pelo ORSTOM

Relevos muito fracos	DS < 10 m
Baixos relevos	10 m < DS < 25 m
Relevos bastante baixos	25 m < DS < 50 m
Relevos Modërë	50 m < DS < 100 m
Relevos bastante fortes	100 m < DS < 250 m
Relevos fortes	250 m <DS <500 m
Relevos muito fortes	DS > 500

De acordo com a classificação ORSTOM, a elevação específica da bacia do Wadi Lakhdar está na **classe bastante íngreme.**

Exposição das encostas:

As exposições são os ângulos de orientação das encostas em relação ao Norte. Este fator determina a duração da insolação e a intensidade da radiação recebida por unidade de superfície, a importância deste parâmetro é completar a influência das exposições das encostas na circulação da água e no processo de escoamento.

Mapa 5: Exposição das encostas da bacia hidrográfica de Wadi Lakhdar

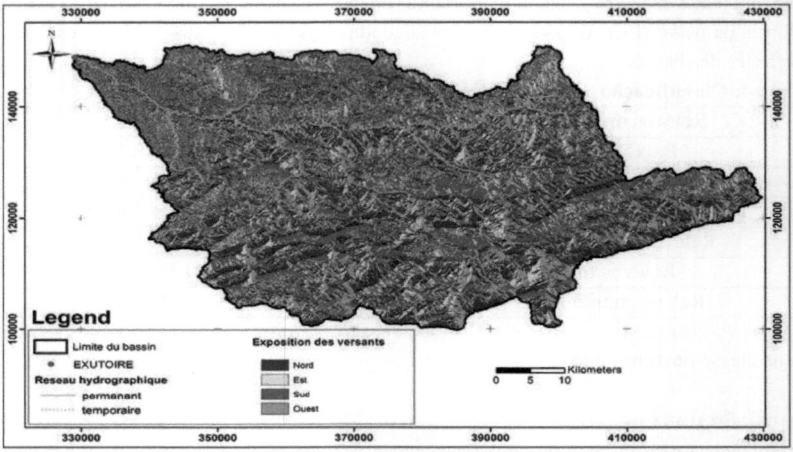

Fonte: MNT du bassin, produzido por Abdellah Elouiazzani

Do mapa acima concluímos que a distribuição da exposição das encostas na bacia de Oued Lakhdar é mais contrastada, e notamos que as encostas orientadas para sul e noroeste são as mais dominantes seguidas daquelas que se orientam para oeste.

A geologia da bacia hidrográfica de Wadi Lakhdar:

O primeiro determinante da morfologia do curso de água é a natureza geológica da bacia hidrográfica. A dinâmica do curso de água pode então ser descrita simplesmente considerando que o rio transmite aportes líquidos e sólidos de montante a jusante enquanto se deforma. **(LATAPIE, 2011).**

As características geológicas atuam na circulação das águas pluviais e determinam tanto o fluxo rápido no caso de formações impermeáveis, quanto a infiltração da água e seu armazenamento no caso de formações permeáveis **(ELGHACHI 2008).**

Mapa 6: geologia na bacia hidrográfica de Wadi Lakhdar

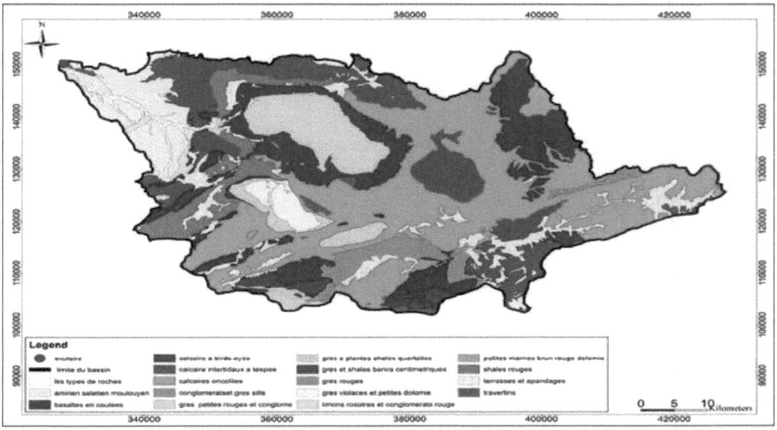

Fonte: mapa geológico de Azilal e Zawiyt Ahansal 1/100000

Geologicamente, a bacia de Wadi Lakhdar está localizada na parte oriental da bacia de Haouz-Mejjate (Mapa nº 6).

A parte nordeste da sub-bacia consiste na terminação oriental da bacia sedimentar Haouz Mejjate. São formações de enchimento continental, de idade Mio-Plio-Quaternária, muito heterogéneas, incluindo nomeadamente:

* Conglomerados numa faixa de apenas 2-3 km de altura no sopé do Atlas que se estende para Norte no eixo do actual curso de Wadi Lakhdar.
* Formações aluviais retrabalhadas no Quaternário, constituídas por seixos, cascalhos e areias de elevada permeabilidade correspondentes a antigos leitos de wadi.
* Estas formações permeáveis passam para norte em formações sedimentares, por vezes crostosas à superfície.

O resto da parte norte da bacia de Wadi Lakhdar é composta por uma alternância do Jurássico (Lias, Jurássico Médio e Jurássico Gerseaux Vermelho do Alto Atlas). Na parte sul, surgem formações secundárias (Triássico) e primárias mais antigas, notadamente o Dtvoniano não subdivista e o Ordoviciano não subdivista.

Uso da terra:

A área total da bacia de Wadi Lakhdar é de cerca de 350.320 hectares. O uso do solo da sub-bacia é caracterizado por:

* a importância das terras agrícolas Bour (agricultura de sequeiro) cobrindo uma área de 164.050 ha (50%) localizada principalmente na região do Piemonte.

* do domínio florestal e pastagens que cobrem 125.200ha, quase 40% do território, localizadas na zona piemonte e serrana e constituídas por formações estepes e formações arbóreas altas e baixas.

* terras irrigadas que fazem parte do perímetro do GH e do PMH em uma área de aproximadamente 15.202 ha, ou 5% do território. As terras do GH são abastecidas pela barragem Moulay Youssef, que regula as águas do wadi Lakhdar. As terras do PMH estão localizadas no Piemonte e na zona montanhosa e irrigadas pelo wadi Lakhdar e seus afluentes.

* plantações frutíferas constituídas principalmente por oliveiras cobrindo aproximadamente 9.522 ha (3%).

* a terra não cultivada é menos importante. Abrangem uma área de cerca de 1.028 ha (menos de 1%) localizada principalmente na zona montanhosa.

* terreno construído numa área bruta de 1087ha (0,3%) reunindo todos os centros urbanos e douars da bacia. (**Diagnóstico da sub-bacia de Lakhdar, 2016).**

A bacia apresenta uma cobertura vegetal em forma de matorral nas encostas da parte central constituída principalmente por pinheiro de Aleppo, Gemevriers, Touya, Amendoeiras, Alfarrobeiras e Azinheiras.

Foto 1: As principais espécies de plantas da bacia hidrográfica de Wadi Lakhdar

Aleppo Pine Thuya Alfarrobeira

Amêndoa Zimbro Vermelho Olivier

Fonte: visita de campo, janeiro de 2020

A bacia de Wadi Lakhdar é caracterizada pela multiplicidade de espécies vegetais conhecidas principalmente na parte central da bacia, como thuja, zimbro, amendoeira e pinheiro de Aleppo, enquanto as encostas a montante da bacia permanecem semi-nuas de vegetação.

Mapa 7: Uso do solo na bacia hidrográfica de Oued Lakhdar

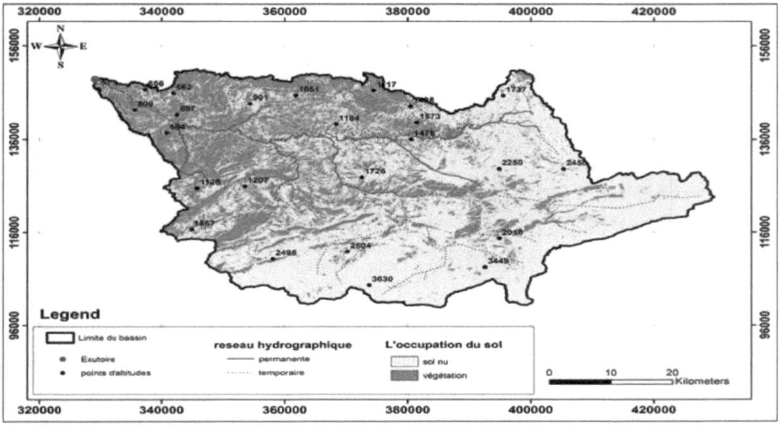

Fonte:Imagem Landsat 2019, produzida por Abdellah Elouiazzani

No mapa acima observamos que o yëдëTaйoп na bacia hidrográfica de Wadi Lakhdar está passando por forte degradação, pois quase metade da área da bacia é composta por terra nua, principalmente a parte a montante da bacia que se espalha por grandes altitudes e encostas íngremes, e se concentra intensa precipitação no tempo e no espaço, o que promove forte erosão e degradação do solo.

Rede hidrográfica:

A rede hidrográfica é composta por todos os canais que drenam as águas superficiais em direção à saída da bacia hidrográfica. A definição de curso de água é difícil de ser dada com precisão, em particular para cursos de água temporários **(LABORDE, 2009)** . O estudo deste parâmetro permite-nos conhecer a importância das redes hidrográficas na dinâmica da erosão e sedimentação no vale.

Os parâmetros importantes que regem o regime hidrológico de um curso de água são: a densidade de drenagem (Dd), a razão de confluência (Rc) e a razão de comprimento (Rl). **(GHERISSI, 2012)** . No que diz respeito à nossa área de estudo, neste capítulo, procuramos estudar, além desses parâmetros citados; a hierarquia da rede, o seu grau de desenvolvimento (número e extensão dos cursos de água), e o seu perfil longitudinal, a frequência do canal e o tempo de concentração.

Hierarquia da rede:

O estudo deste parâmetro, utilizado principalmente para comparar bacias entre si, é suficiente na maioria dos casos para estabelecer uma definição de "talvegue elementar", e aplicá-lo ao estudo de todas as bacias **(LABORDE, 2000)** .

A tabela e figura a seguir mostram a rede hidrográfica e sua extensão na bacia hidrográfica de Wadi Lakhdar:

Tabela 5: Ordem e extensão da rede hidrográfica da bacia hidrográfica

Ordem	Número	Comprimento em km	Percentagem%
1	1072	1315.3612	50
2	514	673.0826	26
3	232	295.9751	11
4	157	176.2439	7
5	123	107.8221	4
6	1	41,28	2

Figura 3: percentagem de encomendas da rede hidrográfica do BV de Oued Lakhdar

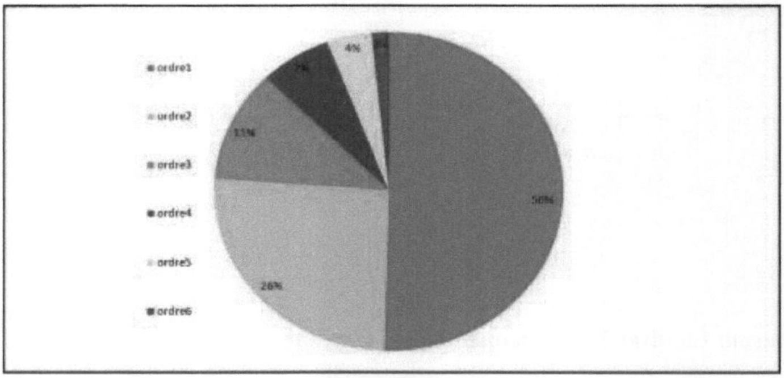

Fonte: DEM da bacia, produzido por Abdellah Elouiazzani

A tabela e a figura acima mostram que a rede hidrográfica da bacia hidrográfica de Wadi Lakhdar é altamente desenvolvida, já que são registrados mais de 2.609 km.

Mapa 8: classificação da rede hidrográfica da bacia hidrográfica de Wadi Lakhdar de acordo com a ordem

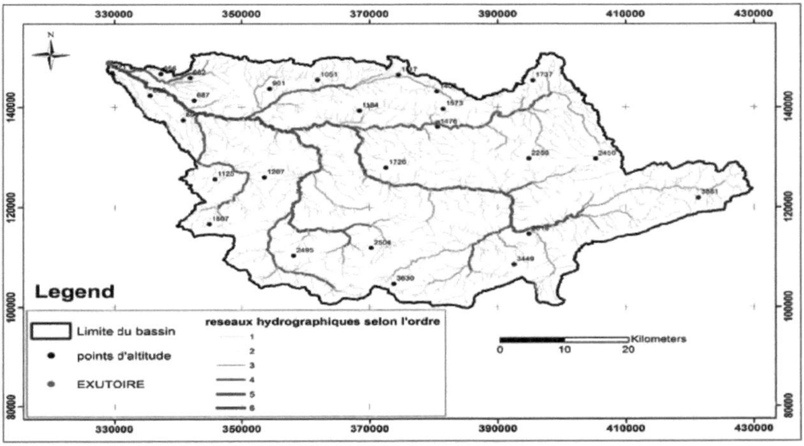

Fonte: MNT du bassin, produzido por Abdellah Elouiazzani

Densidade de drenagem:

É definido pela razão entre o comprimento total dos cursos d'água e a área superficial da bacia hidrográfica **(LABORDE, 2000)** .

A densidade de drenagem, introduzida por Horton, é o comprimento total da rede hidrográfica por

unidade de área de captação: $Dd = \frac{\Sigma Li}{A}$

Com :

Dd: densidade de drenagem (km/km ^{2}).

Li: comprimento do curso de água

A: superfície da bacia hidrográfica.

ENTÃO : $Dd = \frac{2609.76km}{3120.9km^2} = 0.84km/km^2$

A densidade de drenagem depende da geologia (estrutura e litologia) das características topográficas da bacia hidrográfica e, em certa medida, das condições climatológicas e antrópicas.

Frequência do canal:

A frequência do canal (F) é a razão entre o número total de drenos de uma rede e a área superficial da bacia hidrográfica em questão. $F = \frac{\Sigma Ni}{A} = \frac{139}{3120.9} = 0.69$

F: A frequência do canal

Ni: Número de cursos d'água da bacia hidrográfica;

R: A área de superfície da bacia.

Conclusão do capítulo 1:

através de tudo isso depois de ter estudado os mecanismos naturais que a bacia hidrográfica de Wadi Lakhdar é caracterizada por um conjunto de características que contribuem para a atividade da dinâmica do rio porque é caracterizada por características topográficas representadas pelas unidades terrestres de variação, é caracterizada por diversidade e elevação progressiva de altura à medida que nos movemos de leste para noroeste, portanto, se a bacia da bacia era caracterizada por terras planas com baixas alturas, a parte montante e média são cobertas por cristas e colinas, estas formas conferem-lhes altitudes significativas que fazem são afetados por fatores climáticos que levam à atividade da dinâmica fluvial.

Capítulo 2: as características humanas do BV de Oued Lakhdar

Introdução :

Os cursos de água ainda estão sujeitos a inúmeras modificações, Hëeз às atividades antrópicas em bacias hidrográficas. Embora não afectem directamente os cursos de água, estas intervenções têm por vezes um impacto catastrófico no seu funcionamento. Pense apenas nas atividades diárias Hëeз efeitos de habitação, agricultura, pastoreio excessivo e redesenvolvimento ao longo destas bacias hidrográficas. Essas ações antrópicas modificam as características hidrológicas, até mesmo morfológicas e sedimentares desses sistemas.

Neste capítulo tentaremos apresentar as características humanas que são de diversas naturezas e que impactam a dinâmica fluvial do principal curso de água de Wadi Lakhdar.

População :

Na bacia hidrográfica de Wadi Lakhdar a maioria da população é rural (exceto a cidade de

Demnate), geralmente vivendo em pequenas aldeias.

Tabela 6: Distribuição da população segundo as comunas BV de Oued Lakhdar

Número de Municípios	Lista de municípios	População total (RGPH 2014)
9	Assahrij, Bouya Omar, Foum Jemaa, Louad Lakhdar, Ouargui, Oulad Khallouf, Sidi Aissa Ben Slimane, Sour El Aaz, M'zem Sanhaj	81224
11	Ait Majden, Anzou, Tidili Fetouaka, Imlil, Ait Taguella, Ait Tamlil, Demnate, Ouaoula, Sidi Boulkhalef, Sidi Yacoub, Tanant	134800
6	Ait Abbas, Tifni, Ait Blal, Ait Bou Oulli, Ait M'hamed, Tabant	57628

Fonte: Censos Geral da População e Habitação, 2014

Figura 4: Distribuição da população segundo zona geomorfológica

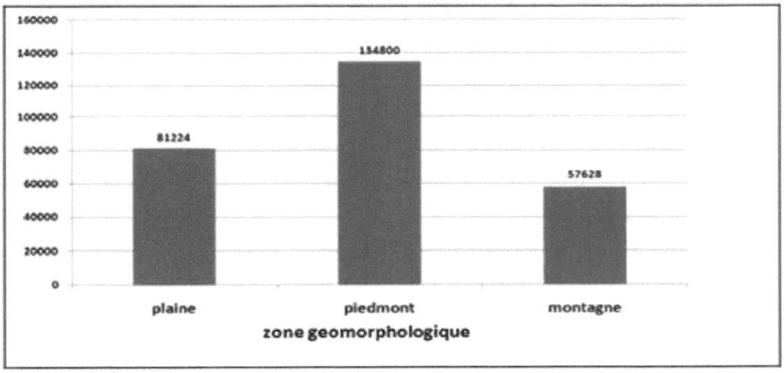

Fonte: Censos Geral da População e Habitação, 2014

De acordo com a tabela n°6 e a figura n°4, observamos que a população na bacia hidrográfica de Wadi Lakhdar está concentrada no sopé em aproximadamente 49,3%, depois na planície em 29,7% e finalmente nas montanhas em quase 21%.

Agricultura:

A agricultura é a principal componente da actividade económica na bacia de Wadi Lakhdar. De acordo com o Censo Geral Agrícola (RGA) de 1996, a bacia do Lakhdar wadi inclui 25.505 explorações agrícolas. A actividade agrícola, além do emprego sazonal, proporciona emprego permanente a 40.946 pessoas, incluindo 9.012 como trabalho assalariado e 31.934 como trabalho familiar.

Em termos de infraestrutura hidroagrícola, a bacia de Wadi Lakhdar está equipada com as seguintes instalações:

* Complexo Hassan I -Sidi Driss garantindo a irrigação do perímetro da Grande Hydraulique du Haouz Central (13.512 ha), bem como parte dos modernos N'Fis (16.283 ha). O complexo é dominado por uma bacia hidrográfica de 1.670 km ^{2}, permitindo afluências de aproximadamente 10,26 m ^{3}/s, ou 323 Mm ^{3}/ano.

* terrenos desenvolvidos dentro do perímetro de Tassaout Amont em uma área total de 7.080 ha. Todas estas terras são irrigadas a partir da barragem Moulay Youssef com uma

dotação hidrológica de 6800m3/ha,

* Terrenos Hidráulicos de Pequeno e Médio porte com área da ordem de 14.000 ha localizados na planície, nas áreas do Piemonte e das montanhas, e imbuídos das águas do barranco Lakhdar e seus afluentes. Os vales dos wadis são abundantemente abastecidos com água dos fluxos perenes dos wadis da bacia.

Artesanato tradicional:

A região de Demnate é cë 1 ëbre pela sua indústria tradicional, nomeadamente a cerâmica, e quando vem à mente a indústria da cerâmica, vem à mente a região de Boghrart, onde engloba uma indústria significativa representada no fabrico de utensílios de cozinha, sendo esta indústria tradicional baseada no trabalho manual que. exige grande esforço físico e enfrenta forte concorrência das indústrias. Os produtos cerâmicos modernos incluem vasos, pratos, xícaras...

Além da indústria oleira, a população local desenvolve diversas atividades e ofícios, como curtimento, costura, carpintaria, tecelagem, etc. Estes ativos contribuem para a dinâmica da cidade de Demnate.

Foto 2: Artesanato na região de Boghrart (Piemonte de BV)

Fonte: visita de campo, janeiro de 2020

Indústria e carreiras:

Na sub-bacia de Lakhdar, a atividade industrial está localizada principalmente na comuna de Louad Lakhdar e é representada principalmente por lagares de petróleo; este município abriga 35 dessas unidades. O sector industrial é também representado por duas unidades de embalagem industrial, localizadas no território do município de Ouargui. Notamos ainda a presença de duas unidades de britagem de pedra, localizadas neste mesmo concelho.

Lojas e serviços:

Isto diz principalmente respeito ao comércio rural básico. Na bacia do Lakhdar wadi, as empresas e os serviços ocupam um lugar importante no tecido económico. Os circuitos, A 1ª parte: capítulo 1: as características humanas do comercial BV de Wadi Lakhdar dizem respeito em grande parte aos produtos básicos (farinha, açúcar, chá, óleo, etc.). A bacia possui 7 souks rurais. Estes últimos garantem o fornecimento de bens de consumo à população.

Tabela 7: Os souks existentes na bacia hidrográfica de Wadi Lakhdar

Município	Nome do Souk	Espaço fornecido para o souk	Área
Demnar	Souk Lhad	Sim	
Anzou	Isso	Não	1ha
Tidili Fetouaka	Jamaa Tidili	Não	10000m2
Tanant	Arbiaa Tanant	Não	
Assahrij	Larbaa Lahmadna	Não	
M'zem Sanhadja	Tlat M'zem	Sim	2 hectares

Sidi Aissa ben Slimane	Sebt Lkhammassa	Sim	1ha

Fonte: diagnóstico da sub-bacia de Lakhdar, 2016

Turismo:

A bacia hidrográfica de Wadi Lakhdar é caracterizada pela presença de importantes zonas turísticas, principalmente perto da cidade de Demnate.

Paisagem geológica natural de Iwaridan:

O sítio Iroutlane, relatado pela primeira vez em 1937 pelos geólogos Plateau, Giboulet e Roch, apresenta trilhas soberbas de pegadas de dinossauros terópodes com pegadas tridáctilas perfeitamente impressas em grandes placas de cor vermelho ocre espalhadas por aproximadamente dois hectares.

Na primavera de 1978, o geólogo Dutuit também descobriu a trilha extraordinariamente espetacular de um ënorre Saurópode; ao longo de quase 90 metros de comprimento, é possível observar todas as marcas frontais e traseiras das patas deste saurópode cujas passadas são impressionantes - quase 3,30 metros - enquanto as dimensões das marcas traseiras estão entre as maiores já descobertas, com comprimento de 75 centímetros. Ainda que consideremos, como é provável, que o Saurópode, neste local, deva ter escorregado em lama muito líquida, aumentando assim a superfície normal das suas pegadas, devemos admitir que esta pista é excepcional e que dá informações valiosas sobre o aproximação destes gigantes do Atlas.

Um parque nacional e um desenvolvimento para a proteção do local estão atualmente em estudo.

Foto 3: Rastros de dinossauros no sítio geológico de Iwaridan

Este local é visitado por investigadores, turistas marroquinos e estrangeiros, bem como por pessoas interessadas em paisagens naturais.

• **A caverna de Emi Nifri**

A ponte natural de Imi Nifri " boca da caverna " na língua Amazigh é um arco natural esculpido pelas águas de Assif Tisselt em travertinos quartenários macios (com aproximadamente 105 milhões de anos). Esses travertinos foram formados pela precipitação de carbonato de cálcio dissolvido em). a água no entorno das nascentes se deve ao contato entre calcários permeáveis e dolomitos do Jurássico Inferior (200 milhões de anos). A água drenada para as formações salinas é salgada. Aqueles em contato com calcário e dolomitas são macios.

Foto 4: a ponte natural e a caverna de Imi Nifri

Imi Nifri dista 5 km da localidade de Demnate, cerca de uma hora, a pé, por uma montanha, atravessando a rotunda de Ait Amghar, onde se situa a nascente de Sidi Bouilbakht, e noi^ as suas águas minerais naturais causadoras de muitas doenças de pele.

Algumas áreas da bacia possuem equipamentos turísticos, algumas são modernas e outras são tradicionais, adaptadas às particularidades locais.

Foto 5: Exemplos de hotéis e kassbat na bacia de Wadi Lakhdar

fonte: visita de campoJaneiro de 2020

Conclusão do capítulo 2:

A bacia hidrográfica de Wadi Lakhdar possui competências importantes que podem ser utilizadas para planejar um turismo integrado que constitui o desenvolvimento local da área. A região possui características e capacidades importantes que se refletem na arquitetura e no artesanato antigos, além de paisagens naturais que podem formar a base de um pólo turístico integrado.

Conclusão geral da primeira parte:

Após o estudo das características morfométricas, naturais e humanas de que a bacia se caracteriza por uma diversidade de terrenos entre uma serra na parte a montante e zonas planas a jusante, o que constitui um terreno para a actividade de processos erosivos, esta erosão é alimentada pela A natureza do clima onde a chuva cai e o calor define flutuações significativas de ano para ano e de mês para mês durante o mesmo mês.

Além disso, as feições geológicas que se caracterizam pelo predomínio de rochas frágeis, que aceleram a degradação dos ambientes naturais da bacia, e o enfraquecimento das margens de um vale sitiado, pois este riacho é o principal eixo dentro da pelve.

O homem também desempenha um papel importante dentro da bacia, onde o crescimento populacional varia de uma região para outra dentro da bacia, e esta população está distribuída irregularmente dentro da bacia e muitas vezes corresponde às áreas de declive que dominam as terras agrícolas, embora a pessoa tenha uma inclinação negativa. impacto nos terrenos onde contribui para a degradação do ambiente natural, excepto Tem também um papel positivo que se reflecte na construção de monumentos arqueológicos, arquitectónicos e artísticos que aumentam a estética das cenas no interior da piscina. Além da indústria tradicional, que é uma das particularidades da região e desempenha um papel importante, sobretudo na vertente turística.

O conjunto dessas características faz com que a bacia seja caracterizada por dinâmicas ativas e inundações que levam à secreção de formas no curso d'água principal.

PARTE II

O funcionamento hidroclimático da bacia hidrográfica de Oued Lakhdar

Introdução geral à segunda parte

O fluxo do rio geralmente reflete a reação da bacia hidrográfica à demanda por precipitação. Na verdade, resulta da combinação de inúmeras leis de funcionamento físico relativas aos diferentes componentes da bacia hidrográfica (relevo, geologia do terreno, solos, vegetação, rede hidrográfica, reservatórios, etc.). Estas leis definem amplamente o seu comportamento hidrológico e, em última análise, os componentes do seu equilíbrio hidrológico que são naturalmente muito variáveis dependendo das bacias e regiões geográficas. **(TAOUS. A 2005).**

O funcionamento hidrológico de uma bacia hidrográfica pode ser considerado como a resposta de uma estrutura física complexa, relativamente estável ao longo do tempo, a manifestações atmosféricas muito variadas no tempo e no espaço **(JP vigneau, 1996).**

O estudo climatológico é o ponto de partida para qualquer estudo hidrológico. Neste caso apresentamos um processamento destes dados e uma crítica preliminar dos dados. Tentamos identificar as heterogeneidades espaciais e temporais que afetam estas chuvas. As temperaturas representam, através da evapotranspiração, perdas de água da bacia. A sua análise permite fazer um balanço hídrico no primeiro capítulo.

O segundo capítulo trata do funcionamento hidrológico extremo do wadi Lakhdar, que está na origem de todas as intervenções realizadas no curso durante o período contemporâneo. As inundações aceleram a erosão dos rios, os baixos níveis de água têm impacto na vida aquática ou no abastecimento de água às instalações humanas. A nível ambiental, estes eventos (cheias e vazantes) podem modificar o estado do curso de água e ter consequências dramáticas. Analisaremos estes dois fenómenos de forma a compreender a sua génese, a sua frequência e as suas consequências no curso de água.

Capítulo l: O clima na bacia hidrográfica de Wadi Lakhdar

INTRODUÇÃO :

Este capítulo mantém um estudo crítico dos dados climáticos e hidrológicos que fluem para a bacia hidrográfica de Oued Lakhdar. Os dados climáticos permitem-nos determinar as características climatológicas da nossa área de estudo. Mas devemos ter cuidado com a utilização destes dados, para melhorar a qualidade do trabalho de investigação.

Apresentação das estações estudadas e revisão dos dados:

Existem várias estações hidroclimáticas na bacia hidrográfica de Oued Lakhdar (Sidi Driss - Assaka - Hassan 1st ¯ Sgat - Addamaghan - Ait Segmin), o que nos ajudará a calcular a distribuição espacial da precipitação e extrair as propriedades climáticas desta bacia.

Tabela 8: Localização das estações hidrológicas na bacia de Oued Lakhdar

Estações	Coordenadas		Altitude em m	Precipitação anual (1986-2014)
	X	S		
Ait Segmin	361400	128.000	1025	500
Hassan primeiro filho	365500	137300	825	502
Assaka	348450	138500	684	328
Sr.	340800	140600	640	361
Moulay Youssef	323300	118500	880	411
Addamaghan	372900	125400	1125	567
Ait Tamlil	357600	93700	1860	461
Sgat	377800	136100	1178	555

Fonte: Agência Hidráulica Oum Errabia

Figura 5: distribuição das estações hidrológicas de acordo com a altitude

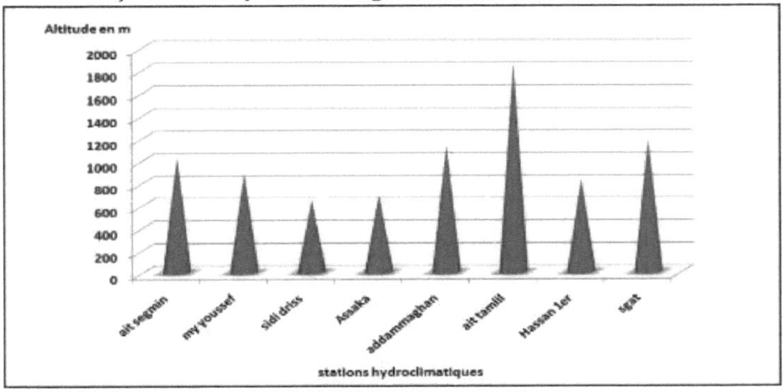

Fonte: Agência Hidráulica Oum Errabia

Escolha da estação

A escolha da estação de análise a ë 1 ë guiado por dois elementos importantes:

- A altitude e a latitudinal da estação em relação à bacia.
- A extensão da série climatológica estudada.

A estação hidrológica de Assaka é a estação localizada na parte central da bacia. Mede as vazões e precipitações da bacia hidrográfica, e também localizada na área que sofreu a acumulação dos principais afluentes do Wadi Lakhdar. Foi considerada a estação representativa para análise das características hidrológicas e climáticas da bacia hidrográfica do Wadi Lakhdar.

Mapa 9: distribuição espacial das estações hidrológicas na bacia hidrográfica de Wadi Lakhdar

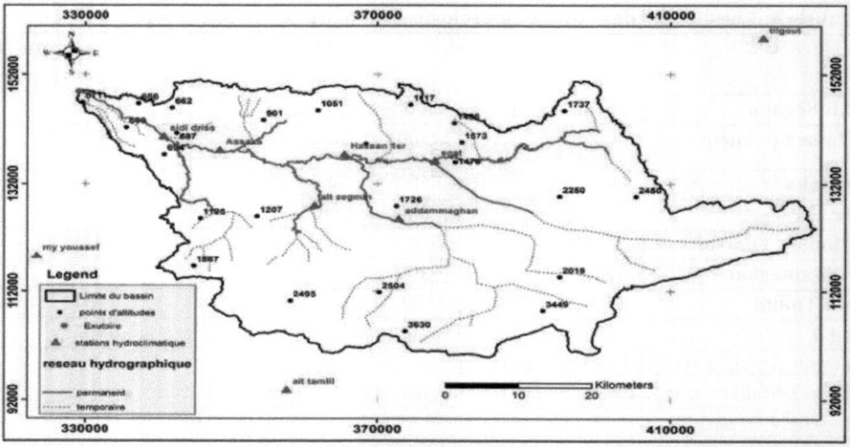

Fonte: tratamento pessoal baseado no mapa topográfico Azilal 1/100000

Critérios de escolha:

A escolha de uma série é um passo importante na realização de um estudo hidroclimatológico. São 8 estações selecionadas, seis estações estão localizadas dentro da bacia e 2 estações estão localizadas fora da bacia para espacialização da precipitação anual.

Críticas aos dados:

Isto envolve verificar a consistência dos dados entre si e preencher as pequenas lacunas de observação (reconstrução dos valores mensais). O método adotado é o da correlação (Dubreuil, 1974), o coeficiente de determinação (r^2) julga sua qualidade e a equação da reta de correlação é utilizada para preencher as lacunas. Para isso, selecionamos o período 1987 – 2017, período comum a todas as estações, para termos séries de dados um pouco mais longas.

Tabela 9: Correlação mensal de chuvas da área de estudo 1986-2017

Stations	lacunes		Station de corrélation	R^2
	Années	mois		
[illegible]	[illegible]	Mars	[illegible]	[illegible]
	[illegible]	Mai	[illegible]	[illegible]
	2012	Juin	[illegible]	[illegible]
	2012	Mars	[illegible]	93
	[illegible]	April	[illegible]	[illegible]
	[illegible]	Mai	[illegible]	[illegible]
	2012	Juin	[illegible]	[illegible]
[illegible]	85-86-88-90	[illegible]	Sidi Driss	94
	[illegible]	[illegible]	[illegible]	[illegible]
	85-86-88	Mars	Sidi Driss	93
	85-86-88	Avril	Sidi Driss	79
	[illegible]	Mai	[illegible]	[illegible]
	[illegible]	juin	[illegible]	[illegible]
	[illegible]	Septembre	[illegible]	[illegible]
	[illegible]	Octobre	[illegible]	[illegible]
	[illegible]	Novembre	[illegible]	[illegible]
	85-86-87	décembre	Sidi Driss	80
[illegible]	2012	Mars	[illegible]	84
	[illegible]	April	[illegible]	[illegible]
	2012	Mais	[illegible]	74
	2012	Juin	[illegible]	61
	[illegible]	Aoûte	[illegible]	[illegible]
[illegible]	[illegible]	Mars	Addammaghen	[illegible]
	2012	Avril	Addammaghen	88
	[illegible]	Mais	Addammaghen	[illegible]
	[illegible]	juin	Addammaghen	[illegible]

De acordo com os valores de R2 que mostra a tabela N, vemos que a correlação pluviométrica é geralmente satisfatória. O coeficiente ultrapassa 80%. Além disso, das 32 correlações realizadas na bacia de Wadi Lakhdar, 6 têm um coeficiente de determinação inferior a 70% e 7 correlações têm um coeficiente superior a 90%.

Correlação entre estações:

Para validar os resultados da correlação propomos uma segunda correlação, mas desta vez entre as estações. O objetivo é testar a homogeneidade desses dados em comparação com dados de outras estações.

Figura 6: Correlação mensal de chuvas pelo método R2

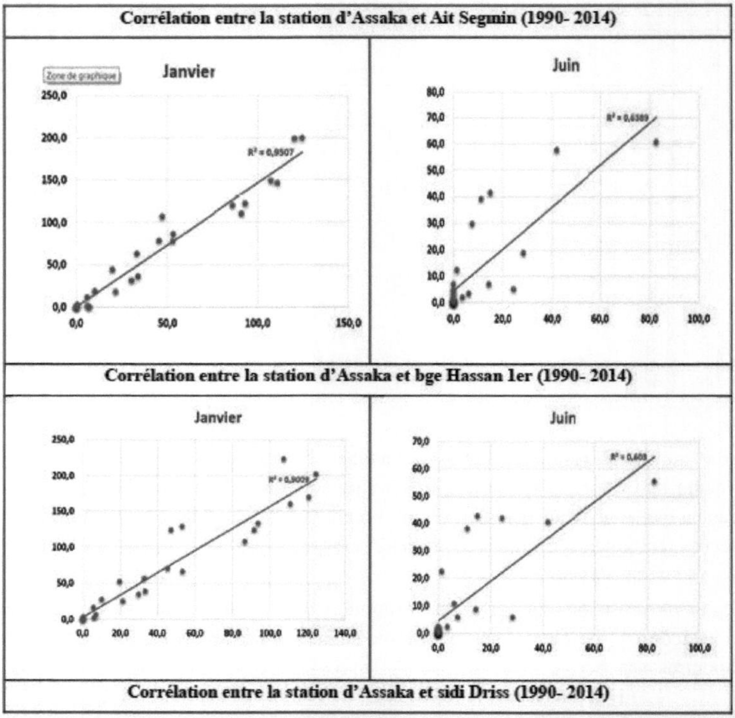

Correlação entre a estação Assaka e Ait Segmin (1990-2014)

Correlação entre a estação Assaka e bge Hassan 1st (1990-2014)

Correlação entre a estação Assaka e Sidi Driss (1990-2014)

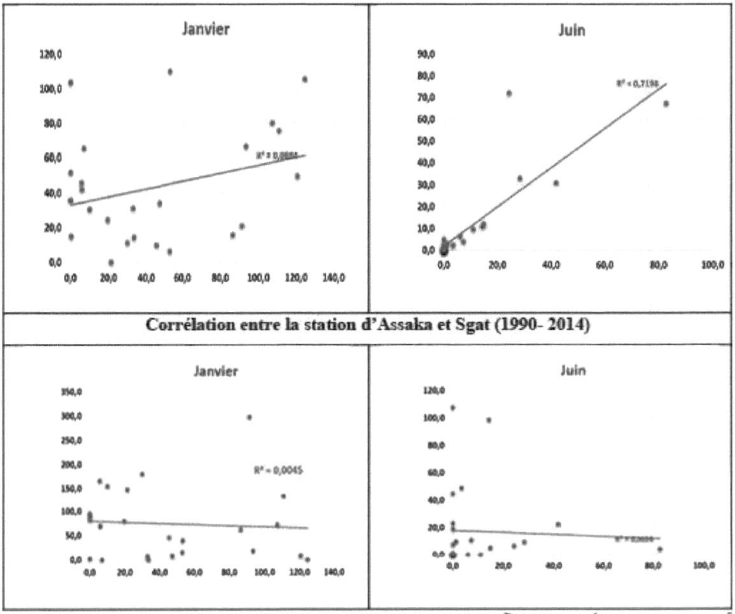

Correlação entre a estação Assaka e Sgat (1990-2014)

Fonte: tratamento pessoal

Pela tabela acima vemos que os resultados obtidos são muito satisfatórios sabendo que os resultados de R^2 são maiores ou iguais a 70% entre a estação Assaka e as demais estações exceto a estação Sgat.

As características climáticas da bacia hidrográfica de Wadi Lakhdar:

Antes de proceder à análise dos dados climáticos devemos primeiro determinar o tipo de clima que caracteriza a área de estudo.

De acordo com os dados fornecidos pela Agência da Bacia Hidráulica de Oum Rbia, e a partir da análise destes dados climáticos, visaremos os seguintes objetivos:

- Apresentar o contexto climático regional e local da nossa região de estudo.
- Analise a distribuição temporal da precipitação diária.
- Analisar a flutuação interanual da precipitação tentando identificar as suas tendências.
- Compreender a variação espaço-temporal da precipitação e das temperaturas.

Classificação bioclimática:

De acordo com a classificação Emberger e o mapa nº 10, a bacia de Wadi Lakhdar está subdividida em seis estágios bioclimáticos:

As terras altas áridas com cobertura fria de inverno A alta montanha com inverno frio ocupa 4% da área da sub-bacia de Lakhdar. Os tipos de clima, árido e semi-árido, são caracterizados por precipitações baixas e erráticas, temperaturas e elevada evaporação, impondo grandes restrições à agricultura e aos recursos hídricos da região.

Toda a área de várzea da sub-bacia (18% da sub-bacia em área).

Estágio semiárido com inverno frio ocupando a zona do Piemonte (12% da sub-bacia).

A temperatura chuvosa do inverno cobre apenas 3% da superfície da sub-bacia.

A fase úmida com inverno frio, que cobre 45% da superfície da sub-bacia e grande parte da zona montanhosa.

A fase semiárida com inverno frio que cobre parte da zona montanhosa da sub-bacia e se estende por 18% da sua superfície.

Tabela 10: a classificação bioclimática do BV de Wadi Lakhdar

A fase bioclimática	A área de superfície em%
Inverno árido e frio	**04**
Semiárido tem temperatura de inverno	**18**
Semiárido com inverno fresco	**12**
Úmido na temperatura do inverno	**03**
Molhado no inverno frio	**45**
Semiárido com inverno frio	**18**

Fonte: diagnóstico da sub-bacia de Lakhdar, 2016

Mapa 10: Níveis bioclimáticos da bacia hidrográfica de Wadi Lakhdar

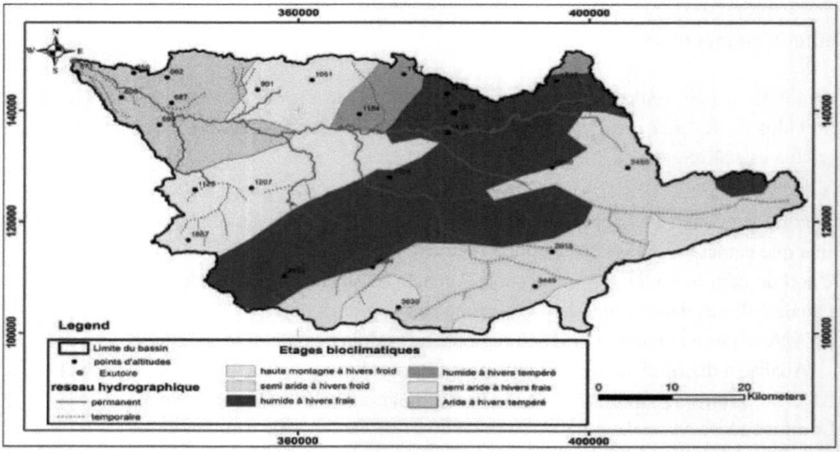

Fonte: diagnóstico da sub-bacia de Lakhdar, 2016

Precipitação na bacia de Oued Lakhdar:

O estudo da variabilidade espaço-temporal, das precipitações nos períodos selecionados e das estações utilizadas tem como objetivo identificar o regime de chuvas na bacia hidrográfica de Wadi Lakhdar. Obter uma ideia geral da importância das chuvas e da sua distribuição no tempo e no espaço, com base nos dados fornecidos pela Agência da Bacia Hidráulica de Oum Errabia.

Precipitação em escala anual:

A análise da precipitação anual visa determinar variações temporais, bem como extrair a informação climática fornecida pela amostra de precipitação nas estações hidroclimáticas: Assaka, Hassan 1st ' Sidi Driss, Ait Segmin. Neste contexto escolheremos a série 1990 – 2017 porque algumas estações iniciam a medição após 1989.

Figura 7: Precipitação anual na estação de Assaka entre 1990 e 2017 em comparação com a média

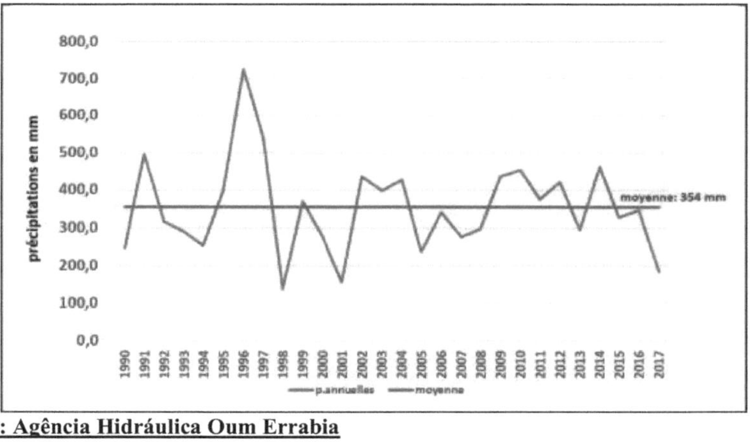

Fonte: Agência Hidráulica Oum Errabia

Os valores das variações relativas ao total anual de precipitação, para o período, neste estudo, mostram irregularidades interanuais de precipitação. Contudo, o ano de elevada pluviosidade superou a média (354 mm) como: 1991 - 1996 - 2002 - 2004 - 2015) na estação de Assaka. Os anos de baixa precipitação observados são 1990, 1994, 1998, 2001, 2005 e 2017, com uma precipitação anual que não excede 300 mm.

Esta variabilidade permitiu, nomeadamente, destacar as tendências secas ou húmidas na crónica retida entre 1990 e 2017. Da figura nº 7 observamos que:

- A diferença entre o ano chuvoso (724 mm em 1996) e o ano seco (136 mm em 1998) é de 588 mm.
- A diferença entre o ano chuvoso e a média é de 370 mm.
- A diferença entre o ano seco e a média é de 218 mm.

Percebemos que existe uma variabilidade que evidencia tendências secas ou húmidas na crónica retida entre 1990 e 2017.

Espacialização da precipitação anual:

A precipitação média anual registada nas seis estações pluviométricas observadas mostra que as contribuições pluviométricas anuais diferem de um ponto observado para outro. Na verdade, tal como a temperatura, a precipitação é marcada por uma grande variação espacial dentro da bacia hidrográfica do Wadi Lakhdar.

O objetivo é analisar a variabilidade pluviométrica da série experimental 1990 – 2017 e também evidenciar a variabilidade anual. (Figuras 8 e 9).

Figura 8: Distribuição da precipitação anual na BV de Oued Lakhdar (estações: Hassanler, Assaka, Sidi Driss)

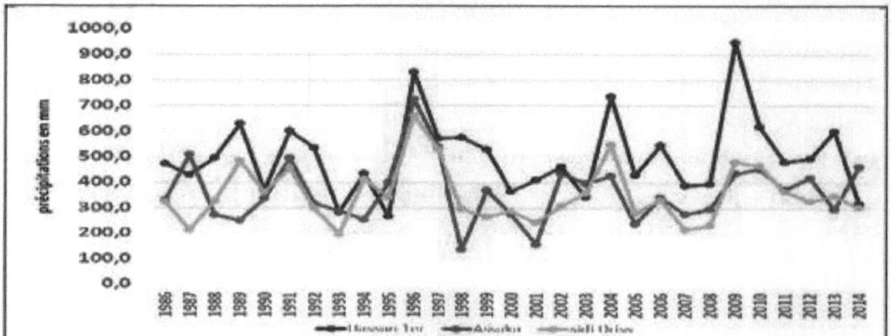

Fonte: Agência Hidráulica Oum Errabia

Através da Figura nº 8, notamos que a precipitação registrada nas três estações conhecidas apresenta uma grande variação de aproximadamente para o outro, porque há anos que registam valores inferiores a 300 mm, como os anos de 1987, 1993, 1998, 2001... enquanto há anos que registam valores superiores a 650 mm. Como é o caso nos anos de 1989, 1996, 2004, 2010. A estação da barragem Hassan I registou um valor recorde em 2010 que atingiu os 950 mm. Estas três estações estão localizadas na parte central da bacia e registam geralmente valores entre 300 e 500 mm por ano.

Figura 9: Distribuição da precipitação anual na BV de Oued Lakhdar

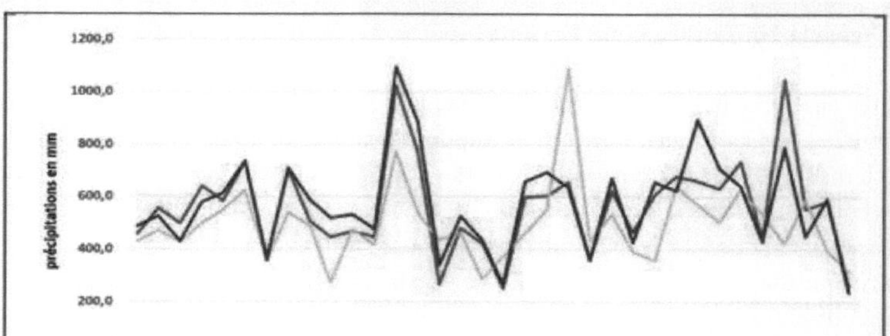

Fonte: Agência Hidráulica do BV de l'Oum Errabia

Notamos através da Figura 9, bem como através da distribuição geográfica das estações hidromagnéticas dentro da bacia, que as três estações (Addamaghan, Ait Segmin, Sgat) estão localizadas na parte a montante da bacia e em grande altitude e, portanto, experimentam. precipitação significativa e também variabilidade significativa dentro da estação e de uma estação climática para outra, vemos que determinados anos registam valores mais elevados como 1996, 2004, 2010, 2014 e ultrapassam os 900 mm. Enquanto anos de raridade registram valores não superiores a 300 mm como 1993, 1998, 2001...

Notamos, por comparação entre as estações localizadas na parte a montante da bacia e as da parte média, que existe uma grande diferença nos valores de precipitação de uma estação para outra e ao nível dos anos, e notamos Concluímos, portanto, que a bacia experimenta uma clara variação na distribuição da precipitação no tempo e no espaço.

Graças à alta densidade da rede de dados de precipitação observada, foi possível obter uma visão espacial das camadas de água precipitadas na superfície da bacia hidrográfica através de alguns métodos de interpolação geométrica ou geoestatística.

Com a evolução dos Sistemas de Informação Geográfica (SIG), conseguimos mapear a distribuição espacial da precipitação média anual durante o período (1986-2017) para todos os pontos de observação utilizando o SIG Arc GIS 10.5.

No nosso caso utilizamos o método Idw (distância inversa de Weitling) para interpolar a precipitação média anual de toda a rede de dados observada. Por meio desta interpolação, obtivemos uma apresentação cartográfica da precipitação média anual na escala da bacia hidrográfica de Wadi Lakhdar. Utilizando os modelos de classificação disponíveis no ArcMap, a distribuição das camadas de água precipitada é apresentada na forma de fatias de chuva.

Mapa 11: Espacialização da precipitação anual na bacia hidrográfica de Oued Lakhdar (1986-2017) pelo método IDW

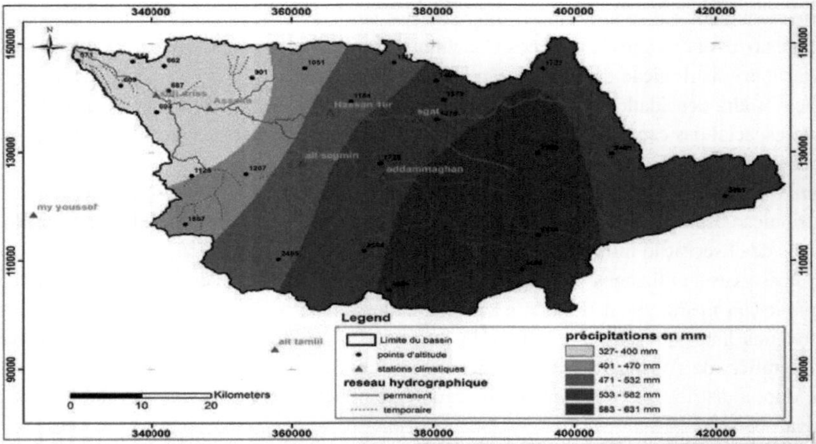

Fonte: processamento pessoal, baseado em dados AHO E

Precipitação em escala mensal:

O objetivo desta parte é compreender as entradas mensais de precipitação na bacia hidrográfica, para determinar as flutuações no volume de precipitação durante o ano. Estas precipitações mensais são necessárias para o estudo climático.

Figura 10: precipitação média mensal na estação Assaka (1986 -2017)

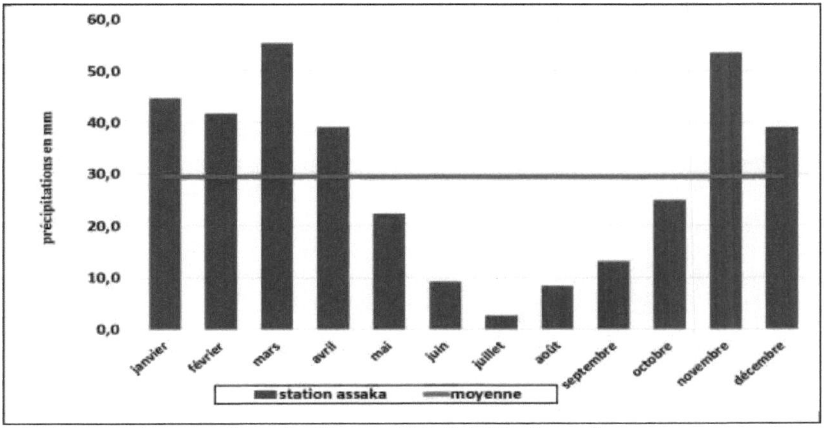

Fonte: tratamento pessoal, produzido por Abdellah Elouiazzani

Da figura nº 10 vemos:

- O período chuvoso começa em novembro e vai até abril. O mês de março regista os valores máximos, com média mensal de 55 mm.
- As médias mensais mínimas situam-se em julho com média que não ultrapassa 3 mm.

Precipitação máxima mensal:

Para incorporar as situações extremas de precipitação mensal, extraímos os valores máximos registados na estação. A figura abaixo dá uma visão geral da distribuição dessas precipitações mensais máximas.

Figura 11: Precipitação máxima mensal na estação Assaka (1986 - 2017)

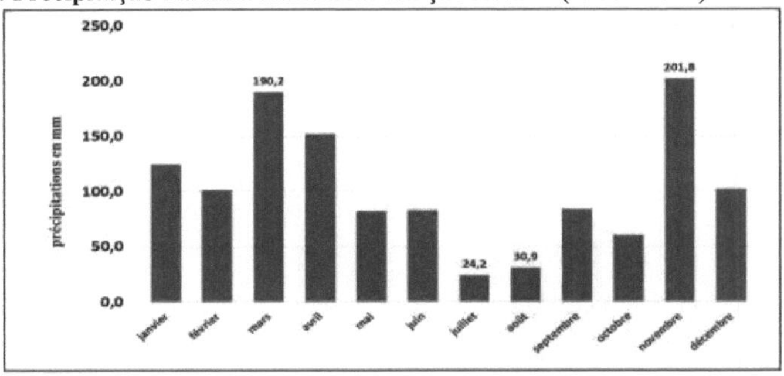

Fonte: tratamento pessoal, produzido por Abdellah Elouiazzani

A Figura acima mostra que o mês de novembro registrou o maior índice pluviométrico

nos anos observados, atingiu 202 mm.

Distribuição da precipitação mensal na bacia:

Figura 12: Distribuição anual de P na bacia de Wadi Lakhdar (1990 - 2017)

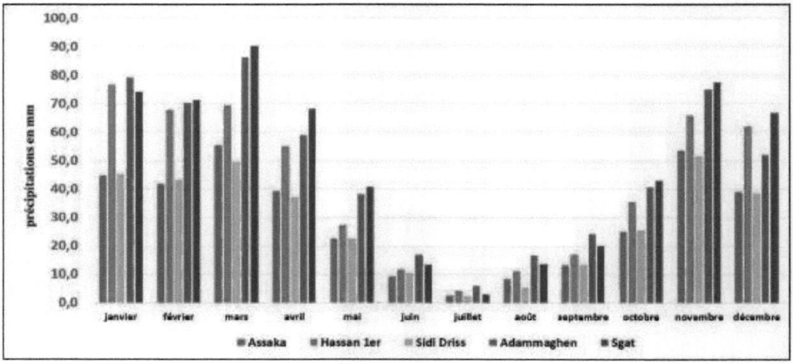

Fonte: Agência Hidráulica I'Oum Errabia

A distribuição média da precipitação mensal medida em cinco estações mostra a existência de dois períodos característicos (Figura 12):

- Estação chuvosa que vai de outubro a abril, onde ocorrem quase todos os episódios chuvosos, ou 87% da precipitação anual.
- Uma estação seca que dura de maio a setembro com 13% da precipitação anual.

O máximo é atingido em março e o mínimo em julho. A média anual ronda os 509 mm na estação Hassan I, com máximo de 944 mm (2008) e mínimo de 268 mm (1995).

Notamos também que as estações a montante da bacia (Sgat, Addamaghan) medem valores superiores às estações da parte central.

Diagrama ombrotérmico de Gaussen:

Utilizaremos o índice de Gaussen para extrair o período de seca na estação de Assaka, bem como para determinar o número de meses secos, com base em dados de médias mensais de temperatura e precipitação.

Figura 13: Diagrama ombrotérmico de Gaussen da estação Sidi Driss (1986 - 2017)

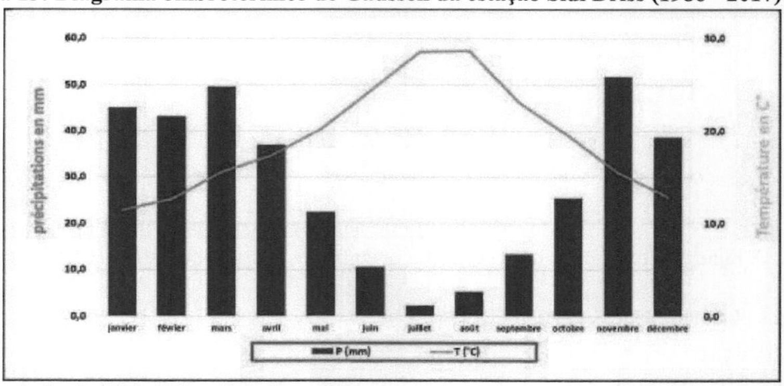

Fonte: Agência Hidráulica Oum Errabia

Na Figura nº 13 notamos que o período de irritação se estende de Maio a Setembro e que o número de meses secos durante os quais a quantidade de precipitação cai abaixo do dobro da temperatura é de 6 meses.

Distribuição espaço-temporal da precipitação sazonal:

Numa escala sazonal, a precipitação concentra-se no inverno, com uma média invernal de 125 mm (1986-2017). A Primavera e o Outono são mais ou menos húmidos, com uma ligeira diferença em relação às médias sazonais, enquanto o Verão é relativamente seco. A figura abaixo mostra a distribuição sazonal da precipitação na estação de Assaka.

Figura 14: Distribuição da precipitação média em escala sazonal na estação Assaka (1986 - 2017

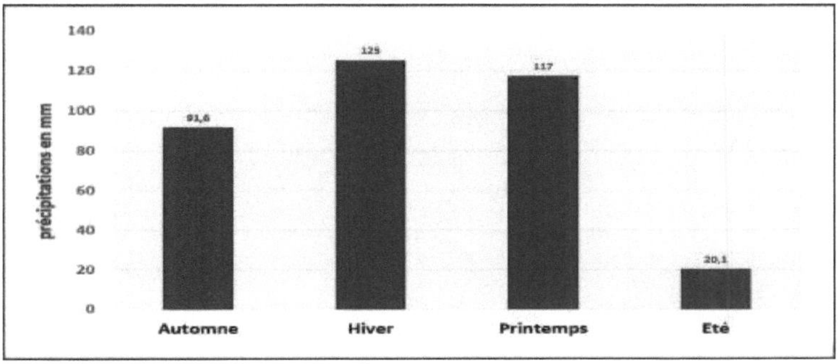

Fonte: Agência Hidráulica Oum Errabia

Observamos na Figura nº 14 e no Mapa nº 12 que a bacia do Lakhdar wadi sofreu variações espaciais significativas onde as áreas a montante da bacia registam os valores mais elevados, enquanto as zonas da planície registam a precipitação mais baixa, o que pode ser explicado pela altitude e pela orientação das encostas. A bacia também sofreu variações entre as estações registando os valores mais elevados durante as estações de inverno e primavera enquanto a estação de verão registou os valores mais baixos de precipitação.

Mapa 12: Espacialização das chuvas sazonais na bacia hidrográfica de Oued Lakhdar (1986-2017)

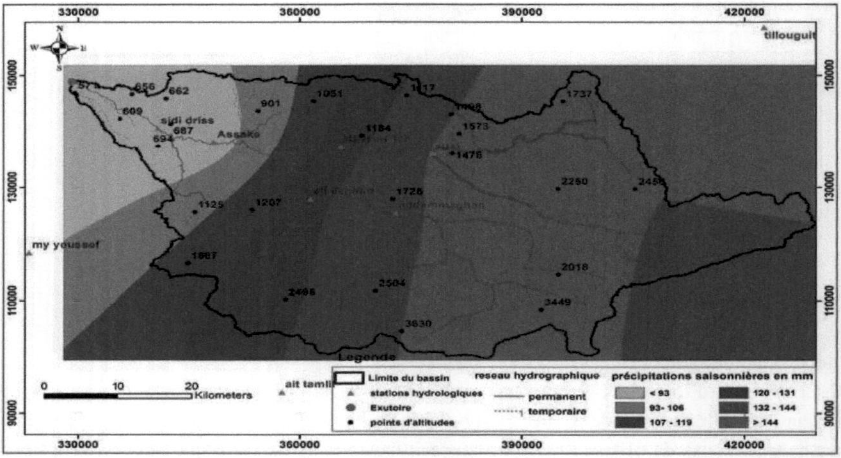

Fonte: tratamento pessoal, produzido por Abdellah Elouiazzani

Contribuições das chuvas da bacia 1986 - 2017:

O objetivo é analisar a variabilidade pluviométrica da série experimental 1986 – 2017 e também evidenciar a variabilidade sazonal e entre as estações a montante da bacia e as estações da parte intermediária. (Figura nº 15).

Figura 15: Distribuição de P sazonal na bacia de Wadi Lakhdar (1986 - 2017)

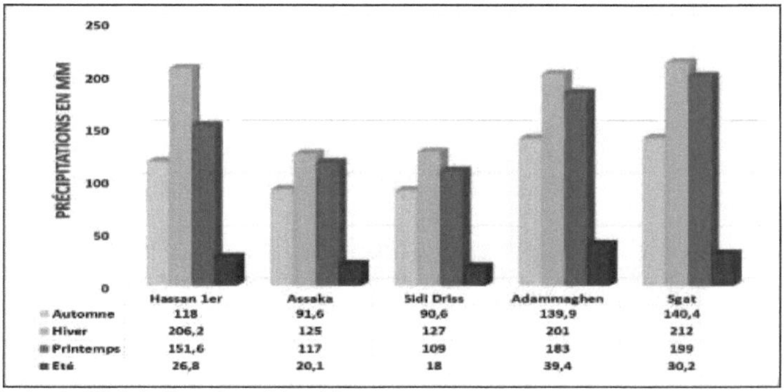

Fonte: Agência Hidráulica Oum Errabia

De acordo com a Figura nº 15, a montante da bacia é bem irrigada, com níveis de precipitação superiores a 200 mm no Inverno nas estações de Sgat e Addamaghan e na Primavera superiores a 150 mm. As outras estações Assaka e Sidi Driss recebem menos que as estações a montante e registam as precipitações mais baixas da série.

Variações de temperatura na bacia hidrográfica de Oued Lakhdar:

O objetivo do estudo das variações de temperatura é determinar a influência deste fator na vazão, acrescentemos também a classificação da área de estudo em contexto climático. Assim como a temperatura influencia o fluxo através da evapotranspiração que realmente moldará as características hidrológicas sazonais (**El GHACHI, 2008**).

Note-se que a área de estudo pertence a uma área que reúne diversas unidades topográficas distintas: montanhas e depressões, a partir das quais se observa uma diferença climática (temperatura e precipitação). Para determinar as características, tendências e variações climáticas iremos analisar a variabilidade das temperaturas com base em dados da estação meteorológica Ait Segmin e da estação Sidi Driss (1986-2017) numa escala anual, sazonal e mensal.

Variações anuais de temperatura:

O estudo das variações anuais de temperatura na bacia do Wadi Lakhdar é um passo de grande importância, pois ampliará nosso conhecimento do estado térmico nesta bacia.

Neste contexto, tentaremos estudar as variações anuais das temperaturas médias, mínimas e máximas sucessivamente a partir dos números abaixo da seguinte forma:

Figura 16: A temperatura média anual nas estações Ait Segmin e na barragem Sidi Driss

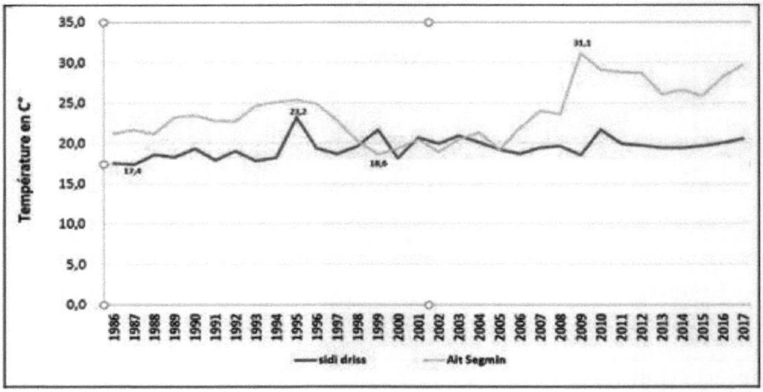

Fonte: Agência Hidráulica Oum Errábia

A figura acima mostra que a temperatura média anual em toda a bacia hidrográfica de Wadi Lakhdar está entre 17° C e 31° C. A análise da figura da variação das temperaturas médias interanuais (Figura 15), mostra uma grande diferença nas variações entre os duas estações realizadas, e dentro da mesma estação de um aplicativo para o outro. Esta diferença é mais aparente para a estação Ait Segmin com uma diferença que atinge mais de 13°C. Para a estação da barragem de Sidi Driss a diferença não excede 6°C. Acrescente também que o ano de 2009 é o mais quente de toda a história e o ano de 1987 é o mais frio.

Variações mensais de temperatura:

Tentaremos estudar neste ponto as variações mensais das temperaturas: as médias, as mínimas e as máximas sucessivamente a partir dos seguintes números:

Figura 17: Temperaturas médias mensais nas estações de Ait Segmin e na barragem de Sidi Driss

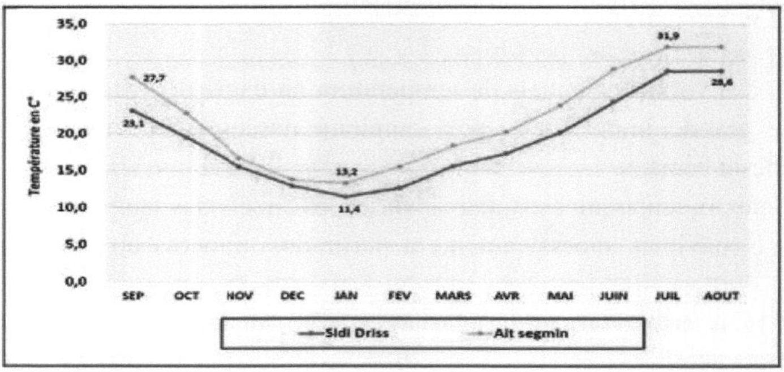

Fonte: Agência Hidráulica Oum Errabia

A figura acima mostra que as temperaturas médias mensais na bacia hidrográfica de Wadi Lakhdar são caracterizadas por variações notáveis. No entanto, os meses mais quentes vão de maio a outubro, enquanto os meses mais frios vão de dezembro a março.

Figura 18: Temperaturas mínimas mensais nas estações de Ait Segmine e na barragem de Sidi Driss

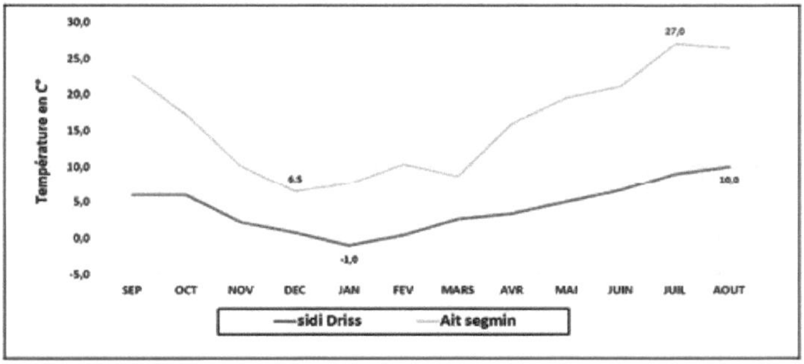

Fonte: Agência Hidráulica Oum Errabia

A variabilidade intermensal é bem expressa pelas temperaturas mínimas mensais nas estações de Ait Segmin e na barragem de Sidi Driss. O período de outubro a março apresenta temperaturas baixas com diferença de 7 C°. O período de maio a setembro regista os valores mais elevados com uma diferença superior a 17 C°.

Figura 19: Temperaturas máximas mensais nas estações de Ait Segmine e na barragem de Sidi Driss

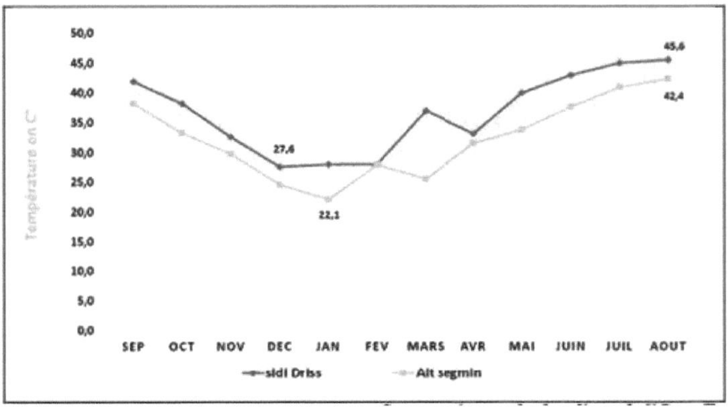

Fonte: Agência Hidráulica Oum Errabia

O valor das temperaturas máximas mensais mostra que a estação mais quente se estende de Abril a Setembro, meses durante os quais as temperaturas mensais são superiores a 35 C°, enquanto a estação mais fria corresponde a Outubro-Março. A temperatura máxima é atingida nos meses de junho, julho e agosto, enquanto a temperatura máxima mínima é em janeiro de 22,1°C.

Análise de temperaturas em escala sazonal:

A distribuição das temperaturas sazonais da estação de Ait Segmin e Sidi Driss numa escala sazonal durante o período de 1986-2017, (figura nº 19) mostra-nos que durante a época de verão estas temperaturas médias são elevadas e ultrapassam os 27°C no Estação Sidi Driss e 30°C na estação Ait Segmin (estação seca), enquanto o inverno é caracterizado por temperaturas médias mais ou menos baixas que não ultrapassam os 15°C (estação seca e fria). As estações de outono e primavera são caracterizadas por temperaturas médias que variam entre 14 e 22°C.

Figura 20: Temperaturas médias sazonais nas estações de Ait Segmine e na barragem de Sidi Driss

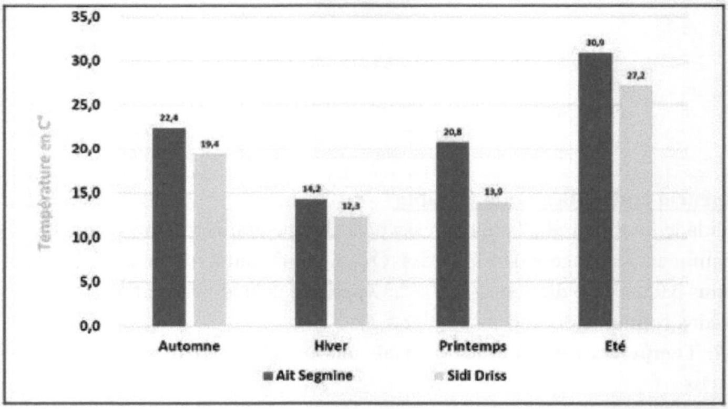

Fonte: Agência Hidráulica Oum Errabia

Evapotranspiração na bacia hidrográfica de Oued Lakhdar:

Evapotranspiração (ETR) é um termo global que reúne todos os processos que transformam água líquida ou sólida, na superfície do solo ou próximo a ela, em vapor d'água. Este termo reúne evaporação (do solo, superfície de águas abertas, etc.) e transpiração das plantas **(LEBAUT, 2000).**

Figura 21: Evaporação média mensal (Bac Colorado) na estação Ait Segmin e barragem Sidi Driss

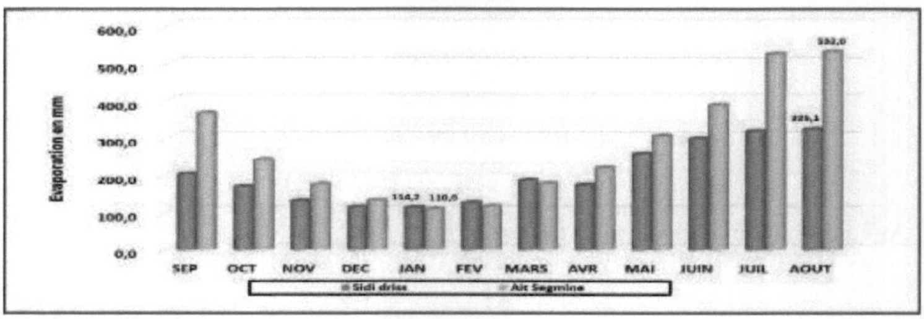

Fonte: Agência Hidráulica Oum Errabia

Pela figura acima vemos que a evaporação varia dependendo do mês. Notamos que a evaporação máxima registada na estação de Ait Segmin, e durante o período de observação, é da ordem dos 532 mm, para os meses de Agosto e Julho, enquanto a evaporação mínima diminui para 110 mm na estação de Sidi Driss durante o meses de janeiro e fevereiro. A evaporação também varia de estação para estação. Notamos que esta evaporação é muito forte durante a estação seca de maio a outubro, isso coincide com a escassez de precipitação (exceto algumas tempestades), a longa duração do sol e os ventos de leste durante esta estação, o que leva à vazante níveis. Por outro lado, durante a estação chuvosa a evaporação é menos significativa, isto se deve às fortes precipitações e à curta duração do sol, com presença de neve nos topos das altas montanhas.

Figura 22: Evapotranspiração média mensal na estação da barragem de Sidi Driss de acordo com Blaney-Criddle

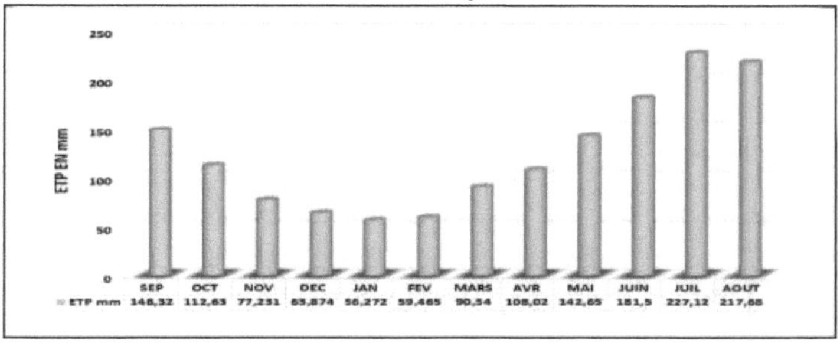

<u>Fonte: Agência Hidráulica Oum Errábia</u>

Pela Figura nº 22 notamos que a época de verão regista os maiores valores de evapotranspiração na estação Sidi Idris, onde regista nos meses de julho e agosto o valor mais elevado que ultrapassa os 227 mm, enquanto os valores mais baixos evaporam durante o inverno. e os valores não ultrapassam 64 mm. A importância do estudo da evapotranspiração reside na determinação dos períodos que definem um quantil maior em troca do declínio da vazão do rio, que afeta as margens dos rios onde a vegetação recua e as margens se deterioram devido à falta de proteção e às inundações que a bacia sofre em verão.

Conclusão do capítulo 1:

A análise dos diagramas e mapas relativos ao estudo climático mostra que às variações espaciais de precipitação e temperaturas na bacia hidrográfica do Wadi Lakhdar se somam variações temporais anuais e mensais. Isto reflecte uma irregularidade, tanto espacial como temporal, do regime de chuvas na bacia do Lakhdar wadi. Porém, a influência do relevo e a localização das estações dispersas são as causas essenciais.

Podemos também dizer que a bacia tem experimentado uma variabilidade climática significativa em termos de temperatura, precipitação e evaporação. Estes factores climáticos afectarão o funcionamento hidrológico da bacia e a actividade da dinâmica fluvial ao nível do rio principal.

Capítulo 2: O funcionamento hidrológico da bacia hidrográfica de Wadi Lakhdar:

Introdução :

A hidrologia é considerada um dos ramos mais importantes da ciência da água física, e também se interessa por (hidrologia), que se especializa no estudo da água terrestre em termos de (seu movimento, sua existência, sua distribuição, suas propriedades químicas e físicas...). Em дёгагя !, a palavra hidrologia é uma palavra completa que inclui um conjunto de ramos (climatologia, hidrologia de superfície, hidrogëologia, ...) Porém, o que nos interessa neste estudo é a hidrologia de superfície, porque é a ciência que aborda especificamente todos movimentos de água ao nível da quantidade e da qualidade dos fluxos superficiais, razão pela qual após o estudo do clima que tivemos no campo de investigação, que nos permitiu estabelecer a tarefa de identificar o limiar da importância da recursos hídricos recebidos pela bacia.

O regime hidrológico do Oued Lakhdar тАиепсë por um conjunto de fatores: relevo (altitude, declive, etc.), litologia (rocha regular , impermeável), e clima (Temperatura e precipitação). Graças a este estudo, iremos monitorizar e analisar o fluxo do curso estudado a todos os níveis (anual, mensal, sazonal), estudando e analisando um conjunto de dados fornecidos pelas estações: Ait Segmin, Assaka. Os resultados obtidos são precisos e expressivos, e também determinam os fatores que afetam o escoamento, em particular os climáticos, e portanto determinam o comportamento hidrológico da bacia estudada.

Estudo das vazões médias anuais:

O principal objetivo é detectar a variabilidade temporal e espacial das taxas de fluxo, que depende em grande parte da precipitação. Neste sentido, tentaremos identificar as variações internas na crónica 1971-2015 para a estação Ait Segmin.

Variações anuais nas vazões na bacia hidrográfica de Wadi Lakhdar:

A figura abaixo mostra uma irregularidade anual, é a estação Assaka localizada na parte intermediária, sua crônica é de 31 anos (1986-2017), a média do período de estudo é de 7,72 m3/s.

Figura 23: Fluxos médios anuais comparados com a média da estação de Assaka (1986 - 2017)

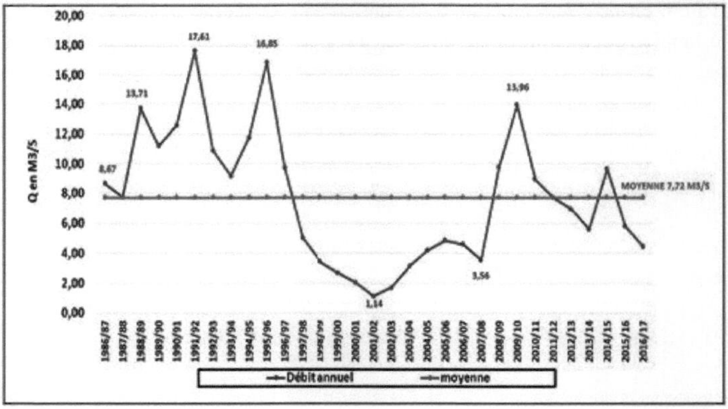

Fonte: Agência Hidráulica Oum Errabia

Em termos de resultados, notamos uma irregularidade interanual na vazão média caracterizada por forte variabilidade. Vemos que o fluxo durante o período de 1992-92 e 1995-96 e 2009-10 é forte, atingiu durante o l'apppbe 1991 atingiu seu máximo (17,61 m3/s), também notamos um pico durante l' aпnëe 1995 onde o caudal é da ordem dos 16,85 m3/s, o que favorece a existência de cheias inundáveis. Para o caudal mínimo, é registado durante 2001-02 como 1,14 m3/s e 2007-08 com um caudal de 3,56 m3/s. por outro lado, durante os anos em que a vazão é muito elevada, podemos portanto citar que se trata de fases úmidas.

Análise das alturas máximas de fluxo:

As alturas máximas de caudal que caracterizam esta crónica (1986-2017), mostram que os caudais máximos diferem de um ano para outro e situam-se nos anos 1991-92, 1995-96 e 2009-10. O máximo destes valores de vazão atingiu 48 m3/s registrado em 1995-96. (Figura nº 22).

Figura 24: Fluxo máximo anual da estação de Assaka (1986-2017)

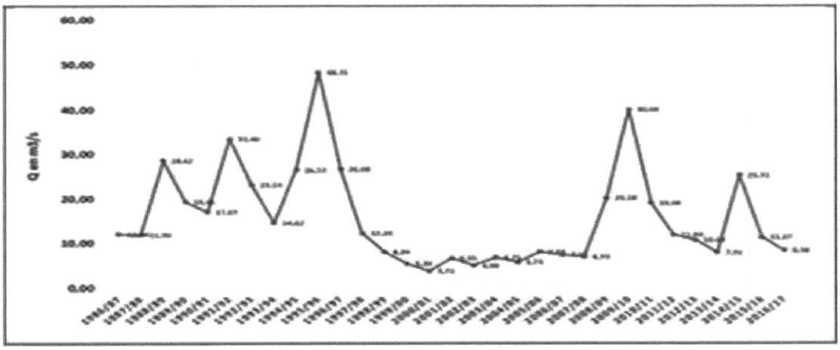

Fonte: Agência Hidráulica Oum Errabia

Estudo do fluxo sazonal na estação Assaka:

Durante esta fase, estudaremos o caudal médio sazonal da estação de Assaka, a fim de determinar os períodos que testemunham o caudal de maior quantil de caudal, porque este último é responsável pela actividade da dinâmica fluvial. quando a vazão é alta para determinar o período que define a maior vazão.

Figura 25: Fluxos médios sazonais na estação de Assaka (1986-2017)

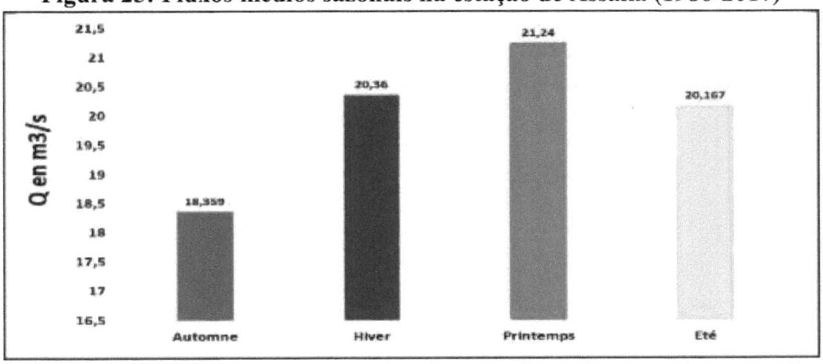

Notamos através da figura 25 que a estação da primavera é aquela que registra a vazão do o máximo de 21 metros cúbicos por segundo, seguido pelo inverno, depois pelo outono e finalmente pelo verão. Isto é explicado pelo facto de o sistema de fluxo de Wadi Lakhdar ser um sistema chuvoso-nival onde a primavera testemunha o derretimento da neve e o aumento do fluxo do curso de água principal.

*Os maiores valores de fluxo sazonal nas estações Assaka:

Figura 26: Fluxo sazonal máximo na estação de Assaka (1986-2017)

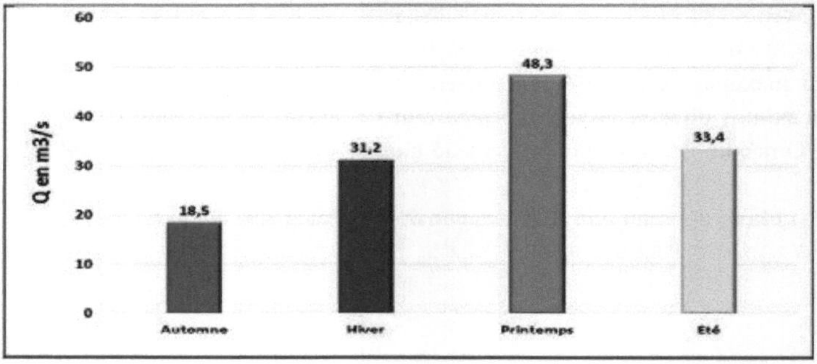

Fonte: Agência Hidráulica Oum Errabia

Na Figura nº 26 notamos que os maiores valores de fluxo sazonal são registrados no semestre da primavera, e este é Hë para o sistema de fluxo de Wadi Lakhdar. Notamos também que a época de verão ocupa o segundo lugar em termos de valores mais elevados registados e isto se deve ao facto de a bacia sofrer cheias elevadas durante o verão que estão ligadas à variabilidade climática na área de estudo.

Estudo das vazões médias mensais:

O objetivo principal é determinar o regime de Oued Lakhdar, bem como as diferenças internas do vale. A determinação do módulo dá a abundância bruta do curso de água, embora este módulo mensal experimente variações significativas ligadas às variações climáticas, particularmente às chuvas. A variação mensal dos caudais está essencialmente ligada ao sistema de precipitação (líquido e sólido) e à evaporação. A crónica (1986-2017) apresenta estas variações no caudal da bacia de Oued Lakhdar na estação de Assaka.

Taxa de fluxo mensal:

A figura abaixo apresenta o fluxo médio mensal de Oued Lakhdar da estação de Assaka registado durante a crónica do estudo 1986-2017.

Figura 27: Fluxo médio mensal da estação Assaka (1986-2017)

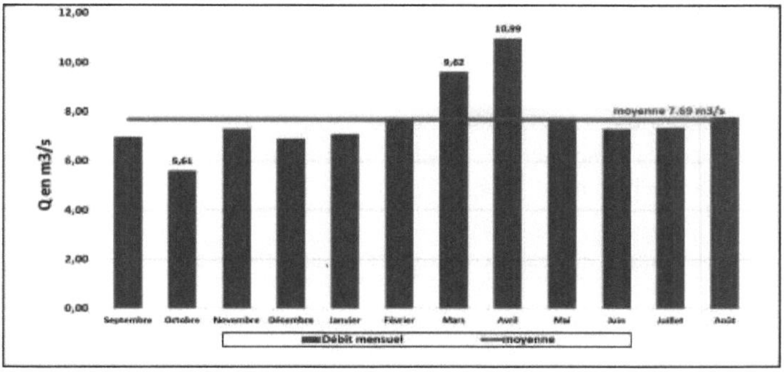

Fonte: Agência Hidráulica I'Oum Errabia

A análise de vazão mensal nos mostra que a vazão média máxima é ë 1 ë registado durante o mês de Março (10,99 m3/s), depois surge o mês de Abril com um caudal a rondar os 9,62 m3/s, este valor elevado pode ser explicado pelo degelo da neve na época da Primavera. Por outro lado, o mês de Outubro registou um caudal mínimo em torno de 5,61 m3/s. Notamos também que os restantes meses registam valores próximos da média, o que pode ser explicado pelo facto de o rio receber um abastecimento significativo e regular de nascentes além do impacto da barragem Hassan I.

Identificação das alturas máximas:

O objetivo deste título é completar a análise das vazões mensais e a extração dos valores máximos registrados no período de estudo 1986-2017. A figura abaixo mostra a distribuição dessas vazões máximas ao longo do ano.

Figura 28: Fluxo mensal máximo na estação de Assaka (1986-2017)

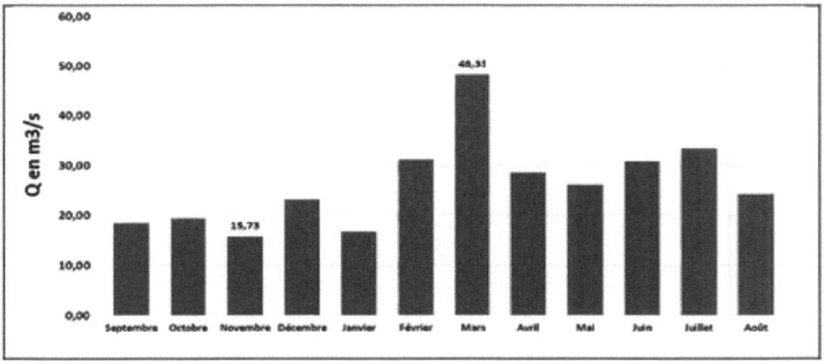

Fonte: Agência Hidráulica Oum Errabia

As taxas máximas de fluxo apresentam acentuada irregularidade e forte variabilidade de um mês para o outro. O máximo é em março (48,35 m3/s), este valor máximo pode ser explicado pelo derretimento da neve durante a primavera. Os meses de janeiro e novembro também registam valores mais baixos (16m3/s). A diferença entre o máximo e o mínimo chega a 32 m3/s, o que mostra claramente o contraste de vazões entre estações e meses do ano.

A informação que podemos reter é que estes caudais máximos são responsáveis por desencadear perturbações hidrológicas como (cheias, cheias) que se manifestam em duas fases:

- A primeira fase (**alturas das águas**): manifesta-se durante o final do inverno até o início do verão, favorece o aumento das vazões e pode provocar enchentes. Este aumento nos fluxos está ligado ao degelo.
- A segunda fase (**água baixa**): situa-se na época do Outono. O aumento dos caudais durante esta época está principalmente ligado a tempestades intensas. Este aumento favorece o aparecimento de cheias e inundações.

Identificação dos valores mínimos:

Figura 29: Fluxo mínimo mensal na estação de Assaka (1986-2017)

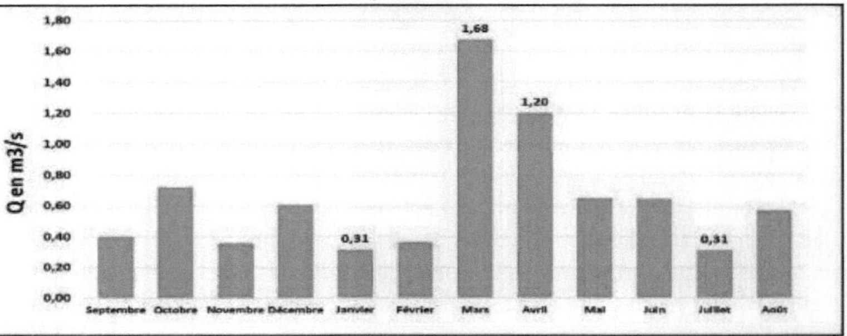

Fonte: Agência Hidráulica Oum Errabia

Pela figura nº 29 notamos que os meses registram valores baixos inferiores a 1m3/s, exceto os meses de março e abril (1,68 e 1,20 m3/s), o que pode ser explicado pela variabilidade climática porque a bacia hidrográfica passou por anos secos. com menos precipitação (líquida e sólida).

A relação entre precipitação e vazão em escala anual:

Depois de ter ë !^ ë a distribuição pluviométrica e a variação hidrométrica, resta ë 1 ano a relação entre vazão e precipitação na bacia. A análise da relação anual está longe de ser explicativa, mas fornece informações дë ^ га ^.

Figura 30: A relação precipitação-vazão na estação de Assaka (1986-2017)

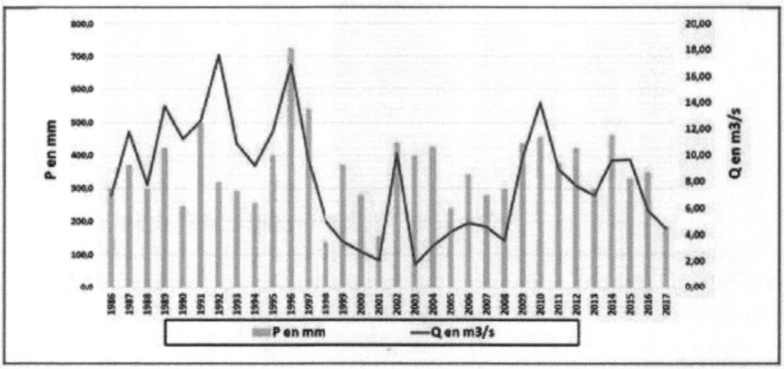

Fonte: Agência Hidráulica Oum Errabia

Na Figura nº 30 notamos que a resposta hidrológica é mais rápida nos anos (1987 a 1996), exceto no ano de 1994, devido à disponibilidade de água durante este período e também à natureza do clima neste período. Do ano de 1997 até 2008, exceto os anos de 2002, a resposta torna-se muito lenta devido à diminuição da intensidade da precipitação e da evaporação.

Conclusão do capítulo 2:

O estudo hidrológico demonstrou que o regime da bacia de Wadi Lakhdar tem todas as características de um regime de chuvas, sob uma dupla influência: influência da precipitação líquida, especialmente tempestades de verão e outono, e a influência da precipitação sólida a montante que se forma e se manifesta como primavera fluxo.

O estudo do quadro hidrológico proposto neste trabalho de investigação difere claramente do estudo das crónicas de caudais anuais e mensais. Em última análise, devido ao clima e à estrutura geológica da bacia, o período outono-inverno apresenta condições favoráveis à evolução morfodinâmica, mas subordinadas ao declive acentuado do curso de água, que continua a ser o elemento determinante, e às elevadas velocidades daí resultantes. Pelo contrário, durante o verão o clima oferece condições estáveis. Notamos também o impacto das ações antropogénicas, especialmente a barragem Hassan 1 que apresenta um caudal diário muito concentrado entre as 12h00 e as 17h00 em todas as estações, e que apresenta uma dinâmica fluvial ativa durante todo o ano.

Conclusão geral da segunda parte:

Por tudo o que foi exposto, concluímos que a dinâmica fluvial depende de um conjunto de fatores, inclusive aqueles ligados à situação topológica, inclusive aqueles ligados ao que é climático, uma vez que a precipitação na área de estudo é caracterizada por taxas significativas no nível de recursos e diferenças significativas ao nível da distribuição, quanto ao calor, caracteriza-se por uma espécie de moderação ao nível dos anos é de cerca de 25 graus, o que afetará a água que corre. Existem também fatores puramente hidrológicos. Já discutimos na primeira parte ao estudar as características hidrológicas da área de estudo.

A precipitação é responsável pelo fluxo de um rio, porque o fluxo é a força motriz da dinâmica do rio, e como discutimos no primeiro e segundo capítulos, o curso de água de Wadi Lakhdar sofre precipitação significativa, porque o seu sistema de fluxo é pluvionival, o que irá garantir um fluxo significativo ao longo do ano que atinge o seu pico na primavera, quando a neve derrete.

O caudal relativamente grande fará com que o rio se caracterize por uma dinâmica activa ao longo do ano e por diferenças nítidas entre as estações, o que dará as formas e alterações do rio à borda do vale e à morfologia da água em geral.

PARTE III

Dinâmica atual dos rios na bacia hidrográfica de Wadi Lakhdar: Mapeamento da morfologia fluvial

Capítulo 1: Os princípios do método geomorfológico

Introdução :

O estudo da dinâmica fluvial utiliza duas abordagens essenciais para compreender o funcionamento hidrodinâmico do rio: abordagem histórica e abordagem atual. A expressão atual no domínio fluvial é definida por trabalhos cartográficos essencialmente baseados no campo. Esta dissertação de final de estudo tem como objetivo demonstrar o papel da abordagem cartográfica na caracterização do sistema fluvial. Inclui a procura de indicadores que possam fornecer elementos de resposta à dinâmica do curso de água.

O mapeamento hidromorfológico é utilizado na França para produzir o Atlas da Zona Inundada (AZI) (JL BALLAIS *et al.* , 2011, 2005). Muitos autores apresentam o método como essencial na gestão do risco de inundação (JL BALLAIS *et al.* , 2011; G. GARRY *et al.* , 2002). Este método naturalístico visa delimitar zonas de inundação graças a uma interpretação geomorfológica dos marcadores de inundação (JL BALLAIS *et al.* 2007 V. DELORMELAURENT, 2007; M. MASSON *et al.* , 1996). Desenvolveu-se particularmente quando grandes cheias afectaram o Sul de França, permitindo assim comparações entre áreas inundadas e áreas propensas a inundações o que trouxe legitimidade a este método (J. ARNAUD-FASSETTA *et al.* , 1993; S. CHAVE, 2003, 2002;

Os princípios do método de mapeamento geomorfológico:

O papel fundamental da geomorfologia:

O método hidrogeomorfológico é um método antes de tudo geomorfológico, aplicado a vales e planícies aluviais. É um método naturalista que faz parte do desenvolvimento recente da geomorfologia fluvial. Faz parte da grande tradição de estudo de hidrossistemas fluviais iniciada por WM DAVIS. (1899), então retomado por LB LEOPOLD et al. (1964). No entanto, distingue-se deste último pela problemática do risco que condiciona a sua aplicação: o seu objectivo não é o conhecimento teórico do funcionamento dos cursos de água, mas sim a determinação e mapeamento das áreas sujeitas a inundações por estes rios para fins de. permitir a previsão e prevenção de riscos de inundação. Os estudos que se seguiram, nomeadamente o de SA SCHUMM (1977), descreveram com precisão a organização espacial dos cursos de água. No entanto, estes estudos centram-se principalmente na evolução do perfil longitudinal e nas suas consequências no escoamento de líquidos e na erosão fluvial. O diagrama SA SCHUMM permite definir a zona a montante, que é uma zona de abastecimento associada à ablação e mobilização de sedimentos, uma zona de transferência, que é uma zona de trânsito e deposição parcial de sedimentos, e uma zona a jusante, que é uma zona de zona de acumulação de sedimentos. Na continuidade deste diagrama, o método hidrogeomorfológico reside na definição das diferentes formas que constituem a planície aluvial ao longo deste perfil, ou seja, no estudo do perfil ao longo da planície aluvial e depois na sua evolução a montante e a jusante. Para além do estudo da morfologia e sedimentologia destes modelos, interessa-se também por índices, critérios complementares de inundação como a vegetação natural e todo um conjunto de características de origem antropogénica.

Qual mapeamento para qual finalidade?

No campo geográfico, a cartografia é a ferramenta essencial para apresentação da informação. Na bacia do wadi Lakhdar, as informações foram coletadas durante as saídas de campo realizadas durante o período de vazante, quando os fenômenos presentes no leito menor são visíveis, o que não acontece durante o período de vazante (o canal é então. preenchido). Pretende-se realizar um mapeamento preciso de toda a linha do curso de água entre a saída de

Assif ghzaf e a Barragem Sidi Driss, cujos resultados permitem explicar o funcionamento dinâmico do rio. Na realidade, esta abordagem consiste em duas etapas:

*A primeira etapa visa recolher o máximo de informação possível sobre o curso de água. Isto envolve identificar e analisar as morfologias dos rios, a fim de explicar o funcionamento hidrodinâmico de Wadi Lakhdar. Esta prospecção foi realizada através de trabalho de campo.

*A segunda etapa é essencialmente técnica. Diz respeito à transferência de informações em cartões.

O desenvolvimento de uma lenda explicando a dinâmica do rio:

O objetivo da legenda é apresentar os elementos mapeados de forma detalhada, para que o leitor possa decifrar e analisar os elementos principais. Baseia-se na realização de uma lenda que requer um trabalho específico:

-Classificação das informações: todas as informações coletadas em campo são ordenadas e classificadas por fenômeno cartográfico

- Atribuição de símbolos a todos os elementos mapeados: para distinguir estas informações é necessário encontrar sinais que os representem e que forneçam informações sobre a dinâmica fluvial.

-Escolha e implementação de cores, de forma a diferenciar os sinais e classificá-los por importância.

-Apresentação дёпёга 1 e do gênero por tipos de informação e grandes famílias de dados.

Figura 31: A legenda do mapeamento bancário

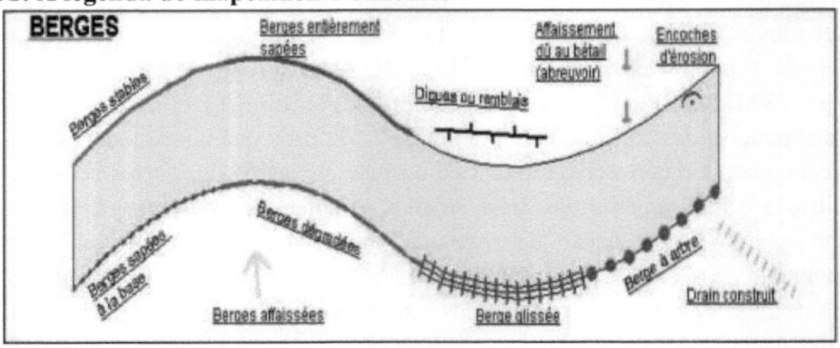

Fonte: El ghachi, M. (2003)

Tabela 11: sinais utilizados para mapear as margens do Wadi Lakhdar

Bancos	Sinal	Cor
Estábulo		Cáqui
Sapëes na base		Vermelho
Епйёгетек sapëes		Vermelho
Dëgradëes		Rosa
Apresentações		Vermelho
Com entalhe de erosão		Vermelho
Bancos caídos		Laranja

Fonte: Elghach,M.

Uso de informações de campo: A abordagem proposta é inspirada no trabalho do CEGUM. Possui três níveis de análise: por zonas, por seções e por setores:

- a divisão em zonas: diz respeito a todo o território, dividido segundo os grandes grupos de relevo que funcionam como configuração de valores e fundos aluviais.
- divisão em seções homogêneas: é feita dentro das zonas de acordo com a largura do fundo aluvial e o curso do curso d'água.
- divisão em setores: envolve determinar diferentes particularidades dentro das seções. Esta escala de análise permite escolher locais de estudo representativos de um modo de funcionamento do curso de água e compará-los entre si.

Os critérios de divisão para Wadi Lakhdar:

Existem 3 critérios de divisão:

Critérios naturais:

- o traço: a natureza da rocha - a sinuosidade - a mudança de orientação.
- a forma do vale: o relevo dominante.

-fator hidrológico: os volumes descarregados - as condições de vazão.

- vegetação: (tipos de vegetação: grama, árvore...).

Critérios humanos:

-ações recentes: modificação das formas das margens - modificação antrópica - ajuste de taludes.

-ações: mudança de traço - calibração - preenchimento do leito principal.

Critérios dinâmicos:

Erosão - incisão do leito - morfologia fluvial - vegetação aquática - evolução geomorfológica.

As noções básicas da geomorfologia fluvial:

Um rio: o que é?

O curso de água é um canal de origem natural, mas que pode ter sofrido transformações mais ou menos antigas e que na maioria das vezes corre de forma contínua, mas pode apresentar um regime intermitente. Dependendo de critérios como tamanho (este não é o único), é chamado de ru, riacho, rio, até rio quando deságua no mar.

As diferentes partes de um curso de água:

- **a fonte** que representa o ponto de origem do curso de água
- **a montante** (a parte mais alta do curso de água topograficamente) em oposição a jusante (a parte mais baixa).
- **a cama menor** , ou seja, o espaço ocupado por ташёге permanente ou temporário pelo curso de água
- **o leito principal** : que é temporariamente ocupado durante os períodos de cheia durante as cheias
- **a margem** que margeia o curso de água
- **as margens** que delimitam o leito menor mantido por vegetação (salgueiros, amieiros, etc.)
- **anexos hidráulicos** , que podem ser definidos como qualquer forma topográfica, preenchidos mais ou menos com água e frequentemente isolados do leito principal do rio durante o período de vazão baixa
- **mata ciliar** , que corresponde à vegetação ao longo das margens dos rios; é composto por vários estratos: herbáceo, arbustivo, arbóreo
- **a foz** : ou estuário que é o local onde o curso de água (rio) termina o seu curso

(geralmente num oceano, no mar ou num lago).

Os diferentes tipos de cursos de água:

* **Rio** : curso d'água permanente de primeiro nível, geralmente de grande porte (mais de 100 km), que capta água dos rios e a leva até o mar.

***Rio** : curso de água permanente de segundo nível, excepcionalmente intermitente em certas regiões desérticas ou cársticas, de tamanho médio (10 a 100 km),

***Córrego** : curso d'água permanente ou intermitente de terceiro nível, de pequeno porte (1 a 10 km),

Estuário : parte a jusante de um curso de água permanente que conduz a um mar, um ocëaп ou outro estuário e afectado pela maré.

***Canal** : curso de água artificial

***Vala** : curso de água artificial, geralmente intermitente, e muito pequeno (normalmente inferior a 1 km).

Os conceitos de dinâmica fluvial:

A dinâmica dos cursos de água é complexa: a aplicação dos conceitos de hidrologia e hidráulica por si só não permite abranger adequadamente todos os factores. física que o governa. Na verdade, a hidrologia e a hidráulica não consideram explicitamente a mudança no tempo e no espaço das formas fluviais e dos fluxos de sedimentos.

A hidrogeomorfologia é, portanto, uma consideração da hidrologia e da hidráulica no campo da gestão de cursos de água.

Os modelos conceituais de dinâmica fluvial visam simplificar a complexidade das interações e componentes que regem o funcionamento dos rios. Vários modelos têm ë 1 ë propostas ao longo dos anos para explicar e descrever essas interações. Esses modelos levam a uma compreensão da dinâmica dos fluxos que pode ser integrada em abordagens de gestão.

A trindade de Leeder (1983):

A 1ª foto Leeder é um dos modelos mais simples para representar a dinâmica de rios. Este modelo baseia-se no reconhecimento das inter-relações entre três componentes principais: estrutura do fluxo, transporte de sedimentos e desenvolvimento de formas de leito. Este modelo proposto por Leeder (1983) constitui um quadro analítico mínimo, mas pedagogicamente poderoso, para descrever o funcionamento de um curso de água, a todo custo . espacial ou temporal.

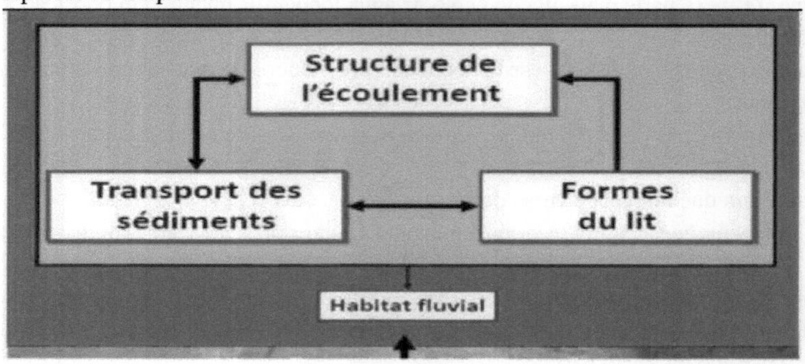

Escalas de Lane (1955):

Este modelo conceitual sugere que as morfologias e dinâmicas de um curso d'água resultam da busca por um equilíbrio influenciado pelas contribuições relativas do fluxo líquido (Q) e sólido (Qs) que resulta em ajustes na morfologia. Em outras palavras, o equilíbrio de Lane sugere mudanças no fluxo de fluidos.

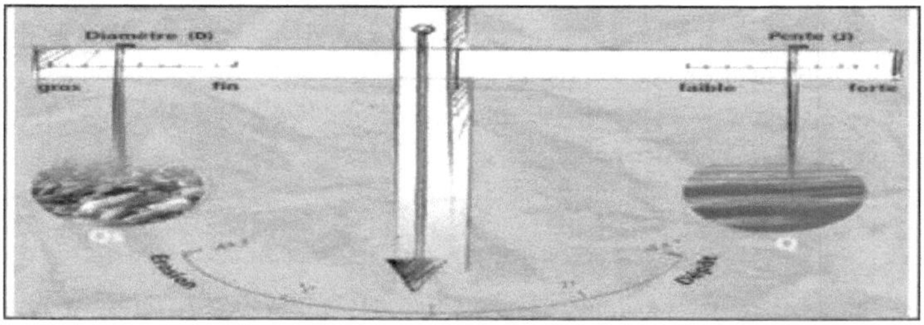

Quebras de transportador de Kondolf (1994):

O transportador perturbado proposto por Kondolf (1994) para descrever a organização simplificada da dinâmica fluvial e sedimentar em uma bacia hidrográfica. Esta organização baseia-se na identificação de uma zona de produção de sedimentos a montante da bacia, uma zona de trânsito de sedimentos na porção intermediária e uma zona de acumulação na porção a jusante da bacia hidrográfica.

Este modelo simplificado permite destacar dois pontos importantes da dinâmica fluvial. Primeiro, estabelece claramente a ligação entre uma zona de erosão e uma zona de acumulação. Esta ligação, expressa à escala da bacia hidrográfica pelo modelo Kondolf, é válida também à escala de zonas, secções e sectores.... Rios.

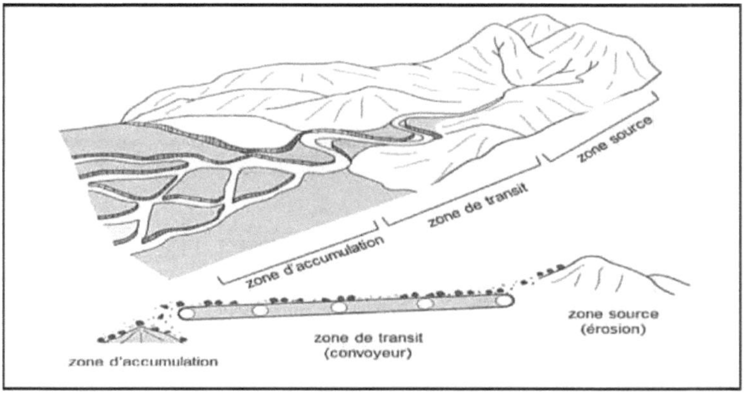

Capítulo 2: Mapeamento da morfologia dos bancos

Introdução :

O estudo cartográfico da morfologia das margens do wadi Lakhdar, é uma das etapas que tem despertado maior interesse da nossa parte neste trabalho, pois é considerado como um dos insumos do estudo da dinâmica fluvial em geral. Contudo, neste capítulo e como já mencionado no plano, trata-se do mapeamento da morfologia das margens do wadi Lakhdar:

•*S* Defina uma lista de tipos de bancos a serem mapeados.

J Mapeie esses tipos na parte intermediária do fluxo principal.

J Analisar estaticamente os resultados obtidos por tipologias, por trechos, por zona e por bancos.

De referir que o estudo da dinâmica de um curso de água deve ser feito a partir de uma divisão bem definida, de forma a poder identificar as diferentes particularidades que o caracterizam de montante para jusante.

A divisão da área de estudo:

Neste contexto surge a noção de "secção geomorfológica" do curso de água, que parece a mais relevante para a escrita e gestão de um curso de água (Malavoi, 2000). Consiste em escrever um certo número de características .

A seção : é uma unidade espacial que se refere a uma parte do curso de água ou da rede de drenagem. Tradução do termo "alcance" comumente utilizado na geomorfologia fluvial anglo-saxônica.

Mapa 13: Divisão do curso de água principal em zonas e troços

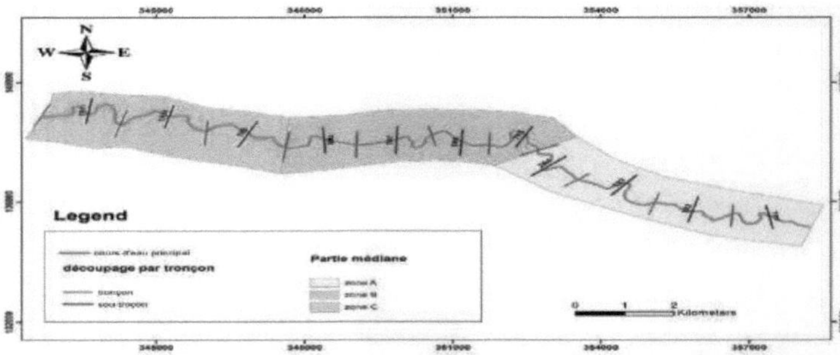

Fonte: Processamento pessoal, com base no mapa topográfico de Demnate e Azilal 1/100000

O mapa mostra que o curso de água em estudo está dividido em onze troços e três zonas (zona A, zona B e zona C). As zonas A e B são compostas por quatro seções e a zona C é composta por três.

O que é um banco?

Segundo o dicionário Larousse, a margem e a costa têm a mesma definição, ou seja, a faixa de terreno que margeia um riacho ou corpo de água. Na Política de Protecção de Costas, Litorais e Várzeas, a costa é, no entanto, definida mais precisamente como sendo "uma faixa de terra que margeia lagos e cursos de água e que se estende para o interior do terreno a partir da marca da maré alta".

Banco e banco são frequentemente confundidos erroneamente. A margem é o aterro inclinado que separa o leito menor e o leito maior. A sua localização é, portanto, bastante precisa. A costa é o ambiente geográfico que separa os ambientes aquático e terrestre. Começa no topo da margem e constitui uma parte plana mais ou menos extensa que permanece sob a influência do meio aquático. **(Paquette, 2010).**

Figura 32: representação de um banco

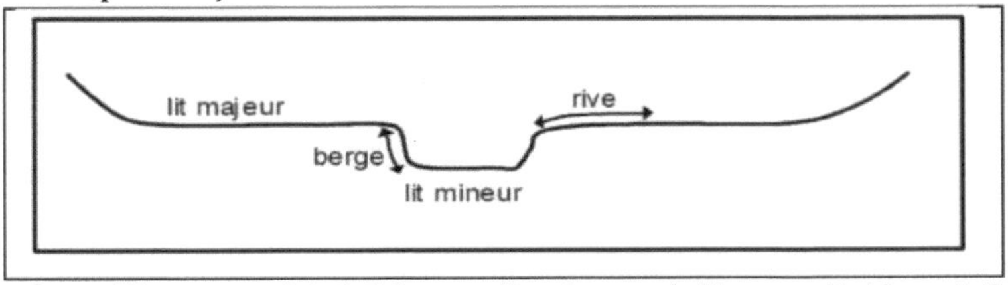

Fonte: https://tice.agroparistech.fr/coursenligne/courses/.../document/.../degoutte3.pdf).

Tipos de bancos mapeados:

Existem tantas classificações de tipos de bancos que um pesquisador pode adotar, dependendo das características morfológicas e dos objetivos almejados (a importância da erosão, o tipo de desenvolvimento, a proteção, a vegetação, a dinâmica, a estabilidade, a antropização e muito mais). outros). A tipologia aqui proposta pode constituir uma ferramenta de gestão de cursos de água, permitir avaliar a qualidade do seu ambiente físico, permitir orientar as suas operações de recuperação e, finalmente, permitir avaliar os impactos do seu desenvolvimento. Neste contexto escolhemos a classificação dos tipos de bancos da seguinte forma:

Bancos vegetados:

Os bancos com vegetação natural são geralmente estáveis. A vegetação desempenha um papel ativo na modificação do canal (Rollet, 2000). Pela sua natureza e densidade exerce forte controlo sobre os processos geodinâmicos e a morfologia resultante, através do seu sistema radicular, as plantas podem proporcionar protecção mecânica quase até ao pé da margem.

Foto 6: Exemplo de banco com vegetação

Fonte: visita de campo abril de 2020

A vegetação desempenha um papel muito importante na estabilização das margens: aquelas que têm muita vegetação estão muito protegidas, enquanto aquelas que não têm vegetação tornaram as margens mais sensíveis aos processos de erosão. A tabela seguinte apresenta os resultados do mapeamento deste tipo de margens ao longo do curso de água com três tipos de margens: com vegetação, com pouca vegetação ou sem vegetação.

Tabela 12: Comprimentos em m de vegetação nas margens do Wadi Lakhdar em cada secção em ambas as margens

Tipo de banco	Vegetalizado		Pouco vegetado		Sem vegetação	
	Banco correto	Costa ESQUERDA	Banco correto	Costa ESQUERDA	Banco correto	Costa ESQUERDA
Seção 1	1321,9	468,7	353	716,2	325,1	815.1
Seção 2	1387	929,1	483	821.1	130	249,8
Tron^on 3	1106	1284	616	616	274	100
Tron^on 4	1250	1067	518	464	232	469
Tron^on 5	600	1151.3	976	848,7	424	-
Tron^on 6	1187,7	1221,7	596,4	-	216	778,3
Tron^on 7	966,3	444,1	663,4	755,9	370,3	700
Tron^on 8	1300,4	626	160	1094	539,6	280
Tron^on 9	1053	801	421,3	641	523,7	568
Tron ^ em 10	1080	1029	487	-	433	971
Tron^on 11	1113	1765	745	235	142	-

Fonte: tratamento pessoal baseado em trabalho de campo.

Em todos os troços de Wadi Lakhdar, notamos a presença de diferentes tipos de bancos em termos do seu nível de vegetação (com vegetação, com vegetação fraca, sem vegetação). No entanto, os resultados do mapeamento indicam que o tipo com vegetação é o mais presente em quase todas as secções, seguido do tipo com vegetação fraca e depois do tipo sem vegetação.

Figura 33: Vegetação das margens do Wadi Lakhdar em ambas as margens

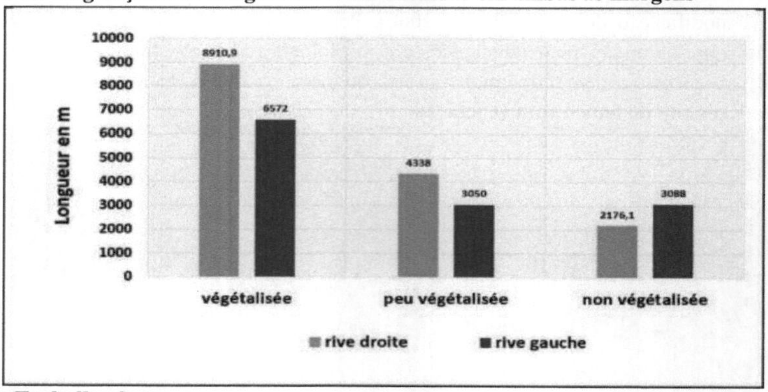

Fonte: Trabalho de campo.

Bancos rochosos:

São bancos geralmente protegidos naturalmente por rochas resistentes. Com a presença de um leito rochoso que excede a capacidade do curso d'água, o que pode interromper a progressão lateral da margem ou retardá-la reduzindo as forças erosivas para um determinado fluxo **(Grospretre, 2008).**

Foto 7: Exemplo de bancos rochosos

Fonte: visita de campo abril de 2020

Tabela 13: As margens rochosas de Wadi Lakhdar em cada secção de ambas as margens

Tipo de banco	Banco rochoso em m		Total
	Banco correto	Margem esquerda	
Seção 1	80	195,3	275,3
Seção 4	52	278,7	330,7
Seção 5	156	0	156
Seção 7	250	250	500
Seção 8	158,2	118,7	276,9
Seção 9	0	344	344
Seção 10	0	380	380

Fonte: tratamento pessoal baseado em trabalho de campo

A tabela acima mostra a raridade deste tipo de banco no curso de água principal.

Bancos rebaixados:

São margens verticais, que sofreram uma erosão significativa, o que provocou o seu recuo. Muitas vezes, a sinuosidade do percurso facilita o solapamento durante o período de inverno, quando a vazão do curso de água é elevada.

Foto8: Exemplo de bancos prejudicados

Fonte: visita de campo abril de 2020

Bancos minados na base : Este é um estado de transição entre bancos estáveis e bancos minados. Este tipo de bancos facilita a sua erosão. A dinâmica que pode ser dominante nesse tipo é a dinâmica lateral.

A tabela abaixo apresenta os rebaixamentos nas duas margens e nos diferentes troços do curso de água.

Tableau 14: **Enfraquecimento das margens de Wadi Lakhdar em cada seção de ambas as margens**

Tipo de banco	Banco rebaixado em m		Total
	Banco correto	Margem esquerda	
Seção 1	152,2	32,4	184,6
Seção 4	0	128	128
Seção 7	0	104	104
Seção 9	0	224	224
Seção 10	203	231	434

Fonte: tratamento pessoal baseado em trabalho de campo

Notamos que as seções nº 1,4,7, 9,10 estão prejudicadas na margem esquerda, também encontramos rebaixamentos nas seções nº 1 e nº 10.

Figura 34: Enfraquecimento das margens do Wadi Lakhdar em cada secção de ambas as margens

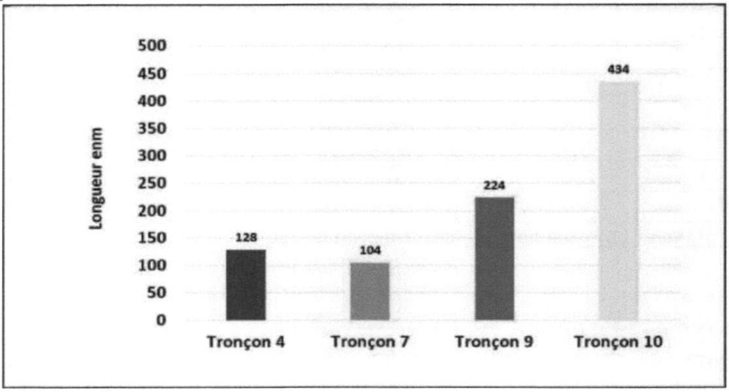

Fonte: Trabalho de campo.

A comparação do subcotação entre as seções mostra uma diferença no comprimento. Os mais longos são o nº 10 com comprimento superior a 434 m. Os demais trechos (4, 7 e 9) seus comprimentos variam entre 104 e 224 m.

Entalhe:

Degradação localizada e entalhes de erosão estão frequentemente localizados entre as árvores e constituem o ponto de partida a partir do qual se desenvolve o enfraquecimento.

Foto 9: Exemplo de bancos entalhados

Fonte: visita de campo abril de 2020

Bancos deslizantes:

O deslizamento das margens pode ser devido a deslizamentos de terra, ou seja, a quebras na coerência do terreno. A água pode promover essa ruptura de diferentes maneiras: saturando o solo com água e exercendo ou não um impulso estabilizador contra a margem. Este fenômeno pode aparecer durante um ёгоБЮп regressivo, por exemplo, ou por erosão da base da margem.

Foto 10: Exemplo de bancos deslizantes

Fonte: visita de campo abril de 2020

Neste curso de água este tipo de banco foi registado apenas duas vezes na parte central e com um comprimento muito curto (157,6 m).

Tableau 15: O deslizamento das margens do Lakhdar wadi em cada seção em ambas as margens

Tipo de banco	Banco deslizante em m
Seção 1	53,2
Seção 5	104,4
Total	157,6

Fonte: tratamento pessoal baseado em trabalho de campo

Bancos de concreto:

São bancos geralmente protegidos por concreto; Eles sofreram degradação antes desta intervenção humana.

Foto 11: Exemplo de banco de concreto

Fonte: visita de campo abril de 2020

Tableau 16: o comprimento das margens de concreto de Wadi Lakhdar em cada seção em ambas as margens

Tipo de banco	Banco de concreto em m
Troicoii 7	191,5
Troicoii 9	54
Total	245,5

Fonte: tratamento pessoal baseado em trabalho de campo

A visita de campo mostra que entre as ações de antropização no curso d'água principal que atingem mais especificamente as margens está a proteção das margens com paus. Estão registrados bancos deste tipo, em apenas dois trechos dos onze, com extensão total de 245,5m.

Bancos rochosos:

São margens geralmente protegidas por blocos de rocha ou por técnica geotêxtil, quando o estabelecimento de vegetação natural ao longo das margens dos cursos de água se torna muito difícil; O Riprap pode prevenir a erosão natural de certas margens.

Foto 12: Exemplo de bancos rochosos

Fonte: visita de campo abril de 2020

Bancos protegidos por vegetação:

São bancos que sofreram uma degradação significativa, antes da intervenção humana para os cobrir. O homem utiliza frequentemente vegetação seca (ramos de árvores) para proteger os seus campos contra a expansão da largura do curso de água nesta área.

Foto 13: Banco protegido por vegetação

Fonte: visita de campo abril de 2020

Bancos degradados:

Foto 14: o caso de um banco degradado em poucos anos

abril de 2018 junho de 2019 abril de 2020

Fonte: visita de campo, foto: Abdellah Elouiazzani & Omar Boucetta

Os resultados de acordo com a repartição e análises:

Depois de ter dividido o curso de água estudado em troços com os mesmos comprimentos, basear-nos-emos neste иш 1 ë para definir outros parâmetros, incluindo:

* **A inclinação média do leito** : A inclinação do fundo do vale fornece informação sobre a energia potencial do curso de água e em particular sobre a sua capacidade de mobilização e transporte de sedimentos **(Malavoi e Bavard, 2010)** .

* **Sinuosidade** : Este parâmetro influencia a dinâmica fluvial de um rio.

Para calculá-lo existem vários métodos incluindo um que consiste em dividir a inclinação do curso de água pela inclinação do curso de água, outro consiste em dividir o comprimento real do curso de água pelo seu comprimento vertical.

■ **Classes de sinuosidade:**

Quatro classes de sinuosidade (SI) são geralmente levadas em consideração **(Bavard, 2010).**

* **SI< 1,05** : o curso de água é quase reto (este é frequentemente o caso do leito médio dos

rios entrelaçados, ver capítulo correspondente. Este é também o caso de muitos rios entrelaçados, etc.)

* **1,05 < SI < 1,25** : o curso d'água é sinuoso.

* **1,25 < SI < 1,5** : o curso de água é muito sinuoso.

* **SI > 1,5** : o curso de água é mëandriforme.

Exemplos visuais de alguns valores do coeficiente de sinuosidade (Bavard, 2010)

A tabela a seguir apresenta os resultados do estudo destes parâmetros com os comprimentos das seções

bem como seus comprimentos verticais:

Tabela 17: Características gerais dos trechos do curso d'água

Seções	Altitude máximo	Altitude mínimo	Comprimento da seção (m)	Comprimento vertical (m)	A sinuosidade
Troneon1	770	750	2000	1352	1,48 Muito sinuoso
Troneon2	750	740	2000	1573	1,27 Muito sinuoso
Troneon3	740	720	2000	1344	1,49 Muito sinuoso
Seção 4	720	710	2000	1408	1,42 Muito sinuoso
Seção 5	710	705	2000	1064	1,87 Meandriforme
Trongon6	705	700	2000	1580	1,26 Muito sinuoso
Trongon7	700	690	2000	1259	1,59 Meandriforme
Trongon8	690	680	2000	1815	1.10 Enrolamento
Trongon9	680	670	2000	1748	1.14 Enrolamento

TrogonlO	670	660	2000	1568	1,28 Muito sinuoso
Trongonll	660	640	2000	954	2.09 Meandriforme

Fonte: Processamento pessoal, com base em dados de campo .

De acordo com a tabela nº. notamos que o curso de água principal apresentou uma sinuosidade muito significativa em todos os troços estudados, notamos também que os troços 5, 7 e 11 são mëandriformes e os restantes troços são sinuosos e muito sinuosos. Esta sinuosidade do rio constitui o motor da evolução geomorfológica do curso (evolução das margens) porque nos meandros do Wadi Lakhdar existem partes côncavas e partes convexas onde existem zonas de erosão e do outro lado outras áreas de depósitos encontraremos o mosaico natural característico (praia de areia, calhau rolado, espécies de fauna e flora).

Resultados na escala das seções:

Para mais detalhes sobre a análise dos resultados do mapeamento da morfologia dos bancos, apresentaremos aqui as características de cada trecho.

Resultados da seção n°1:

O troço n.º 1 estende-se por uma extensão de 2km, com altitude máxima de 770m, e altitude mínima de 750m. A maioria dos tipos de bancos estão presentes, exceto bancos flácidos e bancos concretados. Os tipos mais representados são o tipo com vegetação e pouca vegetação e o tipo rochoso, enquanto os outros tipos menos representados são: o tipo de solapamento e o tipo deslizante.

Os resultados do mapeamento dos elementos do tipo banco da seção nº 1 são apresentados no mapa abaixo:

Mapa 14: As características dos bancos do troço n.º 1.

Fonte: imagem do Google Earth 2020, criada por Abdellah Elouiazzani

Resultados da seção nº 2:

O troço n.º 2, estende-se por uma extensão de 2km, com altitude máxima de 750m, e altitude mínima de 740m, o № acë desta seção é muito sinuosa. Notamos que os tipos mais representados são o tipo vegetalizado com uma percentagem de 52% e o pouco vegetado 38%, enquanto os outros tipos menos representados são: o tipo estável (3%), o tipo vegetalmente protegido (3%). o tipo de rocha (4%).
Os resultados do mapeamento dos elementos do tipo banco da seção nº 2 são apresentados na figura e mapa abaixo:

Figura 35: tipos de bancos da seção nº 2.

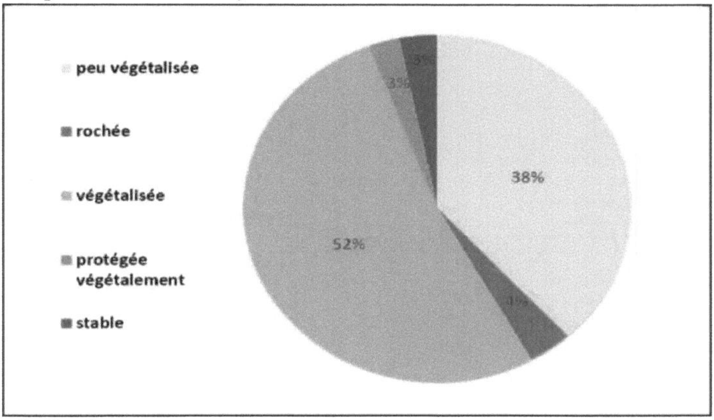

Fonte: trabalho de campo

Mapa 15: As características dos bancos do troço n.º 2.

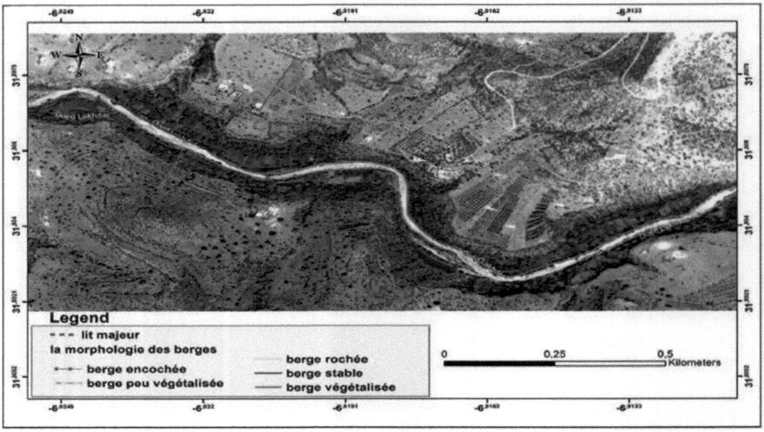

Fonte: imagem do Google Earth 2020, criada por Abdellah Elouiazzani

Resultados da seção nº 3:

O troço n.º 3, estende-se por uma extensão de 2km, com altitude máxima de 740m, e altitude mínima de 720m, o № acë deste troço é muito sinuoso (1.49). Notamos que os tipos mais representados são o tipo vegetado com uma extensão de 2390 m (mais de 50%) e pouco vegetado 1232 m, enquanto os outros tipos menos representados são: o tipo degradado. por 138 m, e o tipo enroclK por 130 m, o tipo vegetalmente protegido apenas 100 m.

Os resultados do mapeamento dos elementos do tipo banco da seção nº 3 são apresentados na tabela e mapa abaixo:

Tabela 18: comprimentos dos bancos da seção nº 3 conforme tipo.

Tipo de banco	Comprimento em metros
Vëgëtalisëe	2390
Pouca vegetação	1232
Dëgradëe	138
Enroché	130
Visualmente protegido	100

Fonte: trabalho de campo

Mapa 16: As características dos bancos do troço n.º 3.

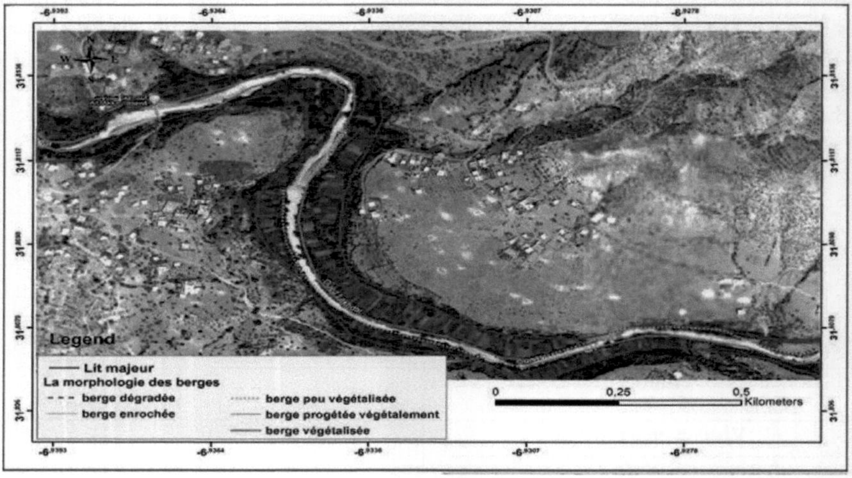

Fonte: imagem do Google Earth 2020, criada por Abdellah Elouiazzani

Resultados da seção nº 4:

O troço n.º 4, estende-se por uma extensão de 2km, com altitude máxima de 720m, e altitude mínima de 710m, o № acë deste troço é muito sinuoso (1.42). Notamos que os tipos mais representados são: o tipo com vegetação com 2017 m de comprimento, depois o tipo com vegetação fraca a 982 m (cerca de 25%), os tipos menos representados (rocha, sapë e estável) não excede 1 3% com comprimento total de 501m.

Os resultados do mapeamento dos elementos do tipo banco da seção nº 4 são apresentados na figura e mapa abaixo:

Figura 36: comprimentos dos bancos do trecho nº 4 conforme o tipo.

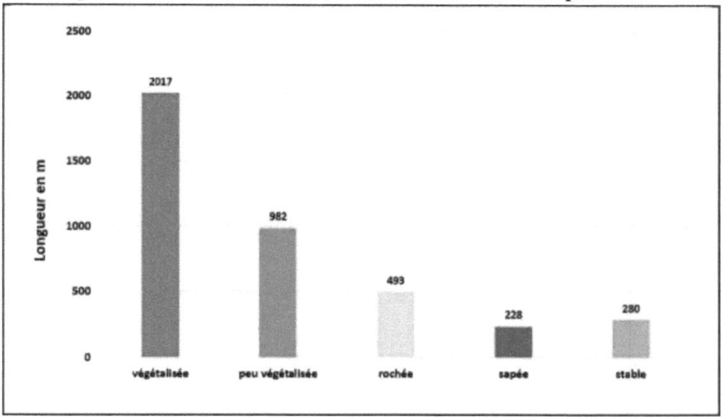

<u>**Fonte: trabalho de campo**</u>

Mapa 17: Características dos bancos do trecho nº 4.

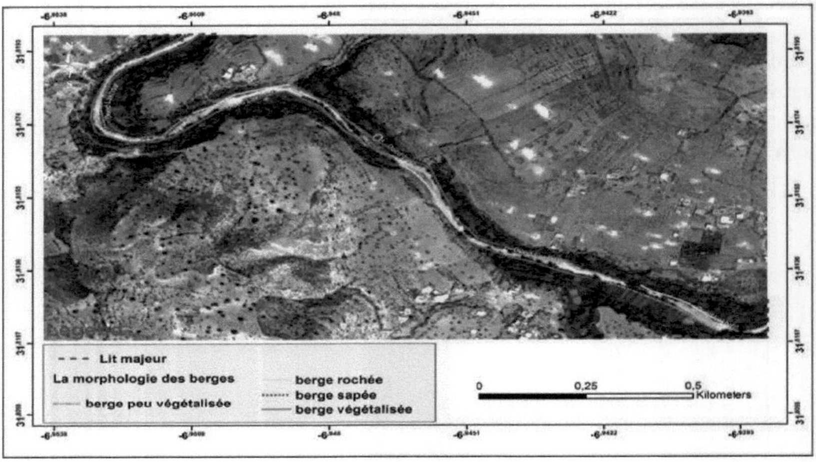

Fonte: imagem do Google Earth 2020, criada por Abdellah Elouiazzani

Resultados da seção nº 5:

O troço n.º 5 estende-se por uma extensão de 2km, com altitude máxima de 710m, e altitude mínima de 705m, o № acë desta seção é mëandriforme (1,87). Notamos que os tipos mais representados são o tipo de vegetação baixa com uma percentagem de 46% e a vegetação 44%, enquanto os outros tipos menos representados são: o tipo dëgrad (4%), o tipo. recЪë (4%) e digite дНззë com (4%) apenas.

Os resultados do mapeamento dos elementos do tipo banco da seção nº 5 são apresentados na figura e no mapa abaixo:

Figura 37: tipos de bancos da seção nº 5.

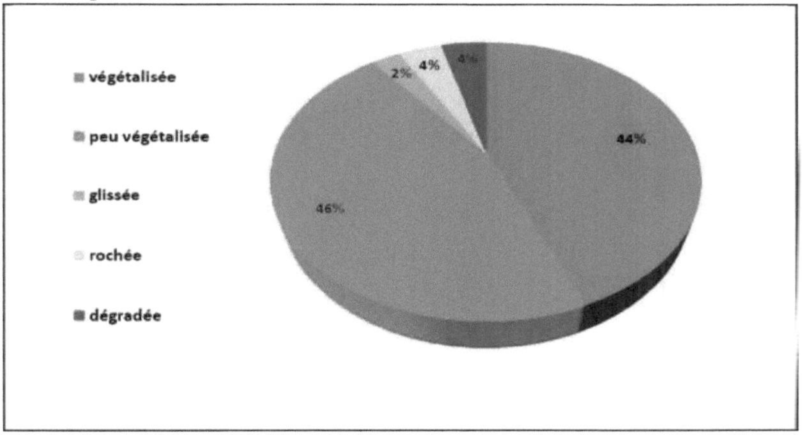

Fonte: trabalho de campo

Mapa 18: Características das margens do troço n.º 5.

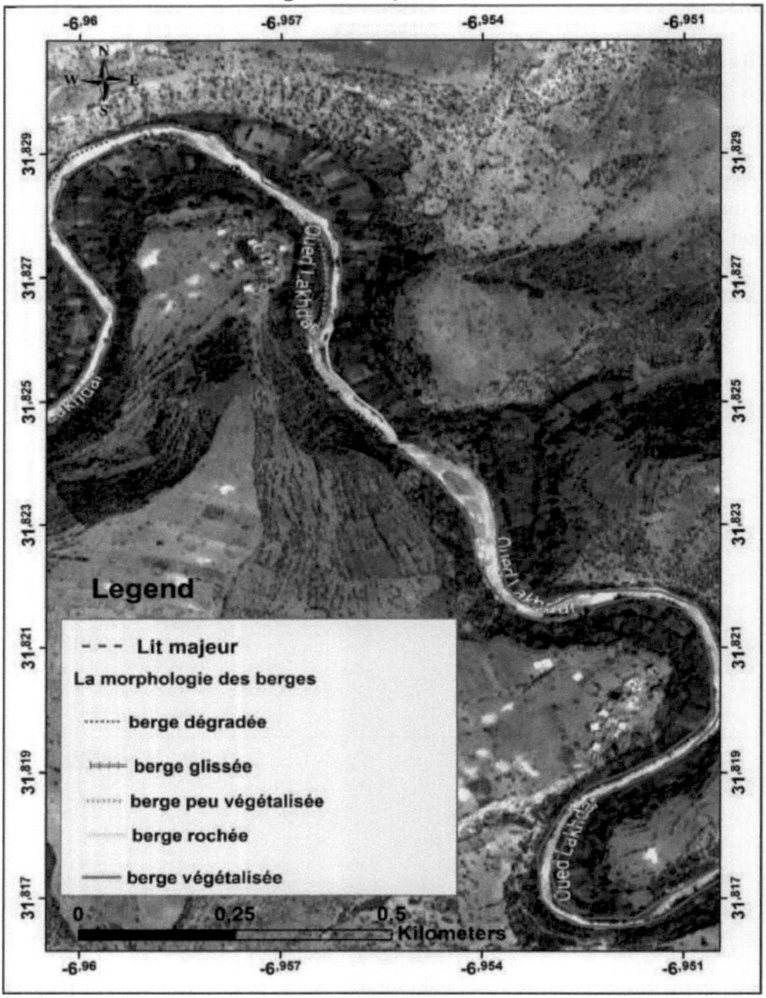

<u>**Fonte: imagem do Google Earth 2020, criada por Abdellah Elouiazzani**</u>

Resultados da seção nº 6:

O troço n.º 6, estende-se por uma extensão de 2km, com altitude máxima de 705m, e altitude mínima de 700m, o Пясё deste troço é muito sinuoso (1.26). Notamos que os tipos mais representados são o tipo com vegetação com 2114 m de comprimento (mais de 50%) e os com vegetação pouco densa com 596 m (15%), enquanto os outros tipos são menos. representado especialmente: o tipo visualmente protegido com comprimento de apenas 129 m.

Os resultados do mapeamento dos elementos do tipo banco da seção nº 6 são apresentados na tabela e mapa abaixo:

Tabela 19: comprimentos dos bancos da seção nº 6 conforme tipo.

Tipo de banco	Comprimento em m
Vëgëtalisëe	2114
Pouca vegetação	596
Entalhado	240
Sapëe na base	240
Dëgradëe	385
Visualmente protegido	129

Fonte: trabalho de campo

Mapa 19: As características dos bancos do troço n.º 6.

Fonte: imagem do Google Earth 2020, criada por Abdellah Elouiazzani

Resultados da seção nº 7:

O troço n.º 7, estende-se por uma extensão de 2km, com altitude máxima de 700m, sendo a altitude mínima de 690m, o traçado deste troço é mëandriforme (1,59). A maioria dos tipos de bancos estão presentes exceto o tipo entalhe e o tipo deslizante. Notamos que os tipos mais representados são o tipo vegetado com uma percentagem de 35,3% e pouco vegetado 30,6%, enquanto os outros tipos menos representados são: o tipo degradado. (8%), o tipo concreto (4,8%).

Os resultados do mapeamento dos elementos do tipo banco da seção nº 7 são apresentados na figura e mapa abaixo:

Figura 38: tipos de bancos da seção nº 7.

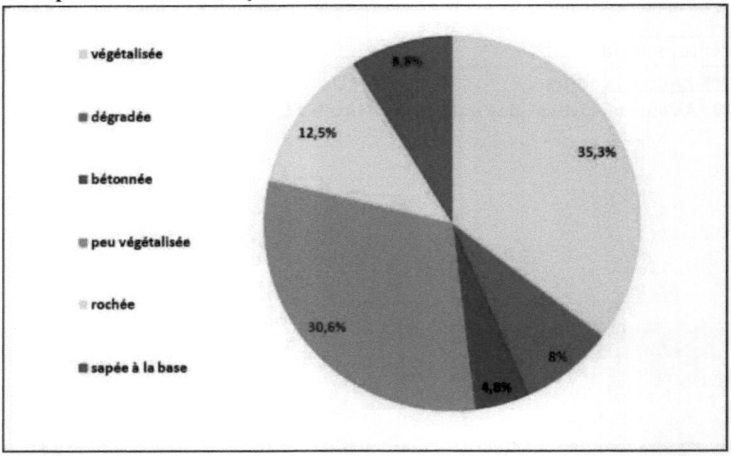

<u>**Fonte: trabalho de campo**</u>

Mapa 20: As características dos bancos do troço n.º 7.

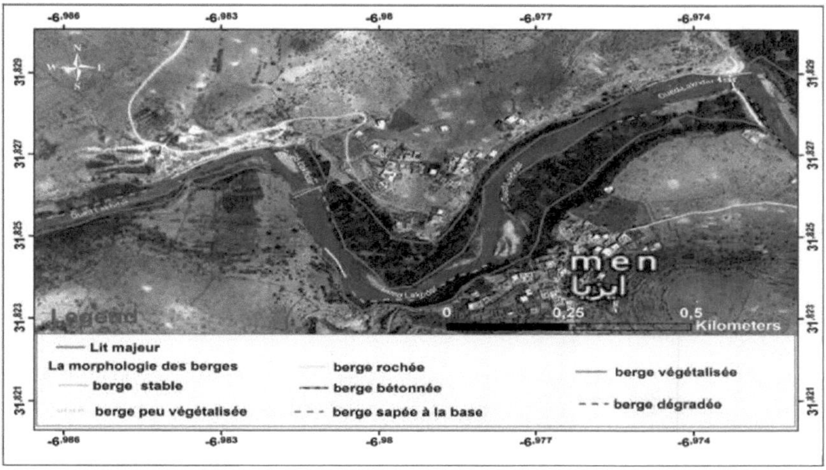

Fonte: imagem do Google Earth 2020, criada por Abdellah Elouiazzani

Resultados da seção nº 8:

O troço n.º 8 estende-se por uma extensão de 2km, com altitude máxima de 690m, e altitude mínima de 680m, o № acë deste troço é sinuoso (1.10). Notamos que os tipos mais representados são o tipo vegetado com uma extensão de 1926 m (50%) e o tipo vegetado com 1253 m, enquanto os outros tipos menos representados são principalmente: o tipo rochoso com um comprimento de 378.

Os resultados do mapeamento dos elementos do tipo banco da seção nº 8 são apresentados na figura e mapa abaixo:

Figura 39: comprimentos dos bancos da seção nº 8 de acordo com o tipo.

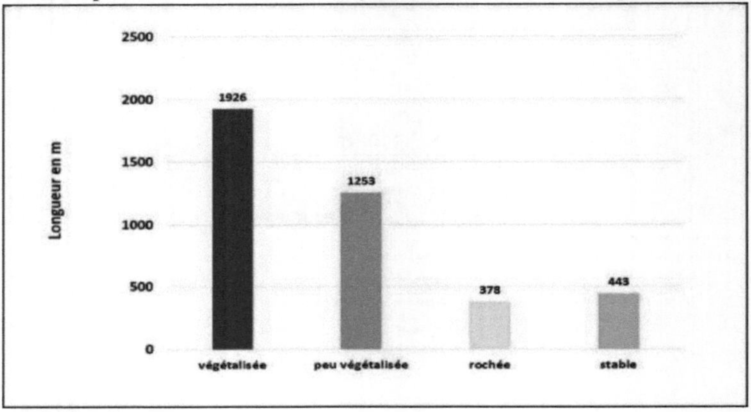

Fonte: trabalho de campo

Mapa 21: As características dos bancos do troço n.º 8.

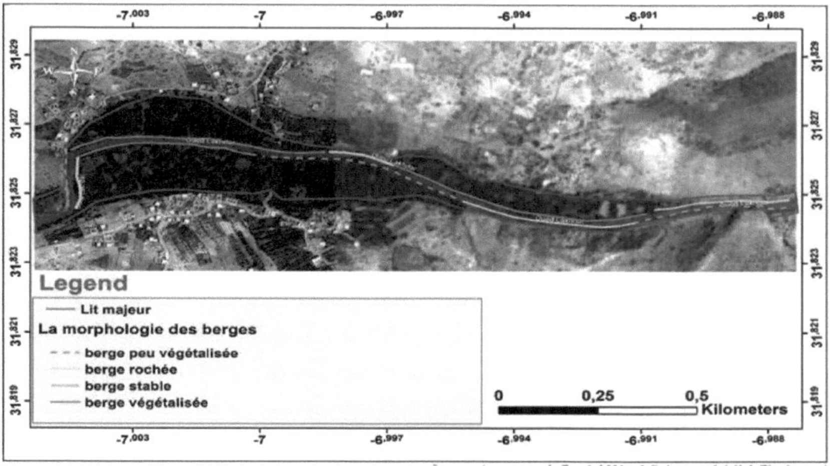

Fonte: imagem do Google Earth 2020, criada por Abdellah Elouiazzani

Resultados da seção nº 9:

O troço n.º 9, estende-se por uma extensão de 2km, com altitude máxima de 680m, e altitude mínima de 670m, o № acë desta seção é sinuosa (1.14). Notamos que os tipos mais representados são o tipo vegetalizado com uma percentagem de 46% e pouco vegetalizado 25%, enquanto os outros tipos menos representados são: o tipo sapë (7%), e o tipo sapë na base com (6%) apenas.

Os resultados do mapeamento dos elementos tipo banco da seção nº 9 são apresentados na figura e mapa abaixo:

Figura 40: tipos de bancos da seção nº 9.

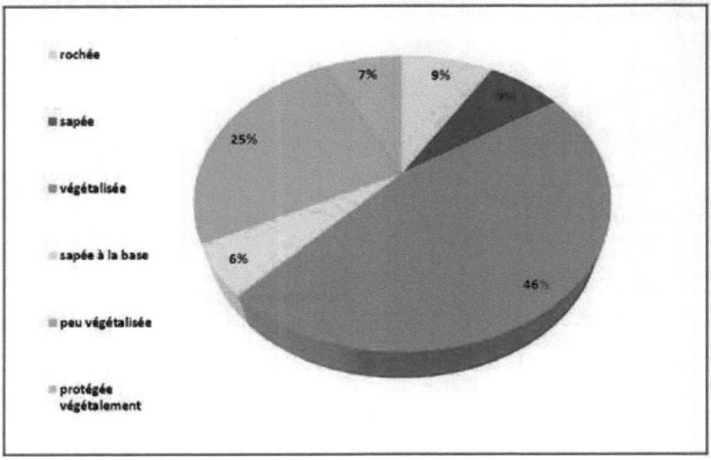

Fonte: trabalho de campo

Mapa 22: As características dos bancos do troço n.º 9.

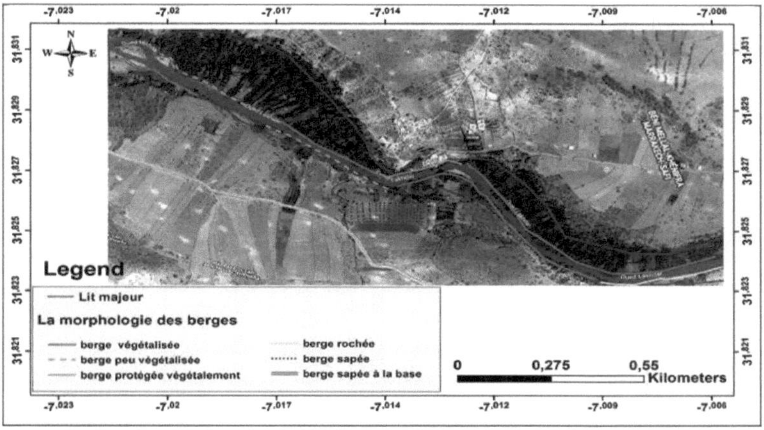

Fonte: imagem do Google Earth 2020, criada por Abdellah Elouiazzani

Resultados da seção nº 10:

O troço n.º 10, estende-se por uma extensão de 2km, com altitude máxima de 670m, e altitude mínima de 660m, o № acë deste troço é muito sinuoso (1.28). Notamos que os tipos mais representados são o tipo com vegetação com um comprimento de 2109 m (mais de 50%) e o tipo com vegetação fraca com 484 m (12%), enquanto os outros tipos menos representados. principalmente: o tipo inteiramente sapë com comprimento de 203 e o tipo bastão com apenas 54 m.

Os resultados do mapeamento dos elementos do tipo banco da seção nº 10 são apresentados na tabela e mapa abaixo:

Tabela 20: comprimentos dos bancos da seção nº 10 conforme tipo.

Tipo de banco	Comprimento em m
Vëgëtalisëe	2109
Pouca vegetação	484
Totalmente sape	203
Sapé	231
Dëgradëe	326
RoclK'e	380
Bëtonnëe	54
Estábulo	210

Fonte: trabalho de campo

Mapa 23: Características das margens do troço n.º 10.

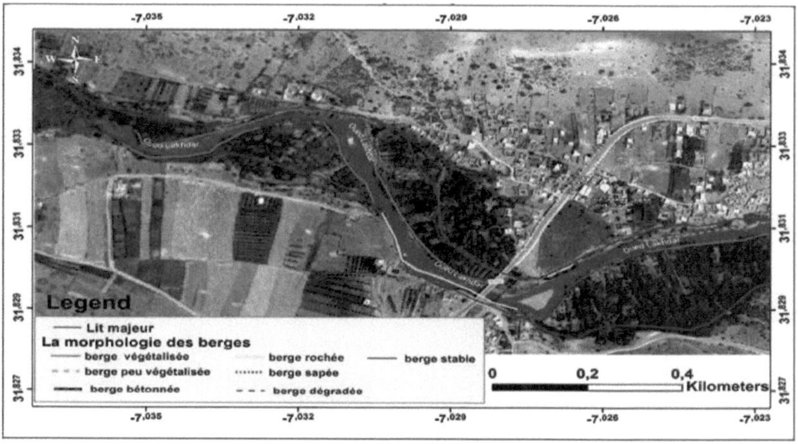

Fonte: imagem do Google Earth 2020, criada por Abdellah Elouiazzani

Resultados da seção nº 11:

O troço n.º 11 estende-se por uma extensão de 2km, com altitude máxima de 660m, e altitude mínima de 640m, o percurso deste troço é medriforme (2.09). Notamos que o tipo mais representado é o tipo vegetado com um percentual de 78%, depois pouco vegetado 14%, enquanto o tipo menos representado é: o tipo prejudicado por (8%).

Os resultados do mapeamento dos elementos tipo banco da seção nº 11 são apresentados na figura e mapa abaixo:

Figura 41: tipos de bancos da seção nº 11.

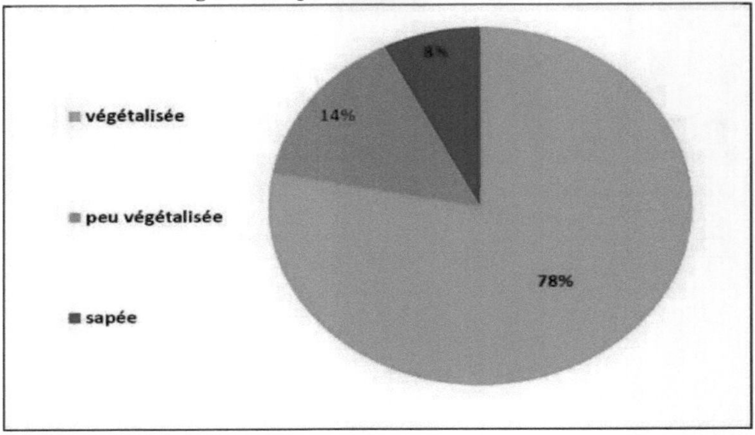

Fonte: trabalho de campo

Mapa 24: Características das margens do troço n.º 11.

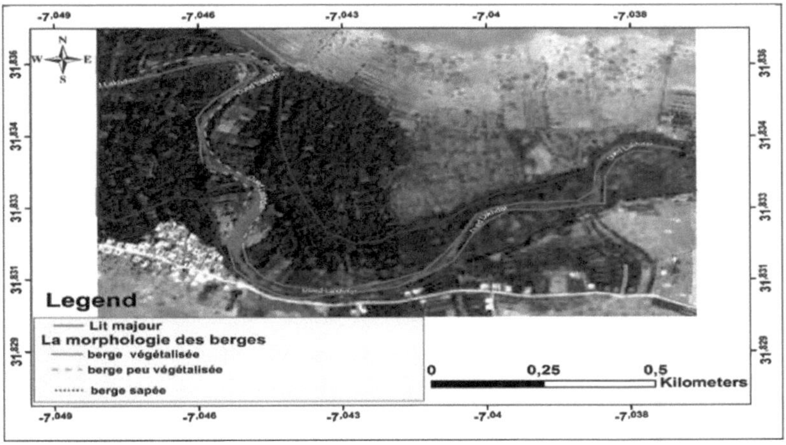

Fonte: imagem do Google Earth 2020, criada por Abdellah Elouiazzani

Resultados ao nível do rio :

Resultados da margem direita:

Os resultados do mapeamento dos tipos de bancos da margem direita são apresentados na figura abaixo:

Figura 42: Os tipos de bancos de Wadi Lakhdar e sua percentagem na margem direita

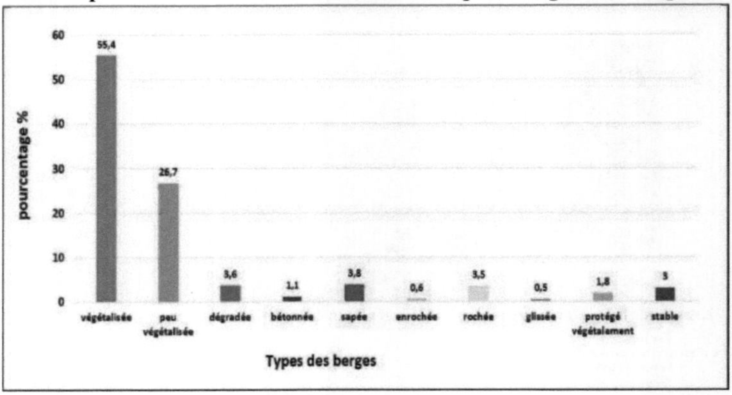

Fonte: trabalho de campo

A percentagem de cada tipo de banco na margem direita mostra uma variabilidade notável entre os diferentes tipos de bancos representados na margem direita, como se segue:

* O tipo mais representado é o tipo vegetado, com uma percentagem superior a 55%.

* Os tipos moderadamente representados são os de vegetação fraca com uma percentagem de 27%.

* Os tipos pouco representados são: o tipo degradado, o tipo estável, o tipo rocha com uma percentagem que oscila entre 3 e 3,8%.

* Tipos muito baixos com percentagem não superior a 2% (tipo deslizante, tipo rocha, tipo betão, tipo vegetativamente protegido).

Resultados da margem esquerda:

Os resultados do mapeamento dos tipos de bancos da margem esquerda são apresentados na figura abaixo:

Figura 43: Os tipos de bancos de Wadi Lakhdar e sua percentagem na margem esquerda

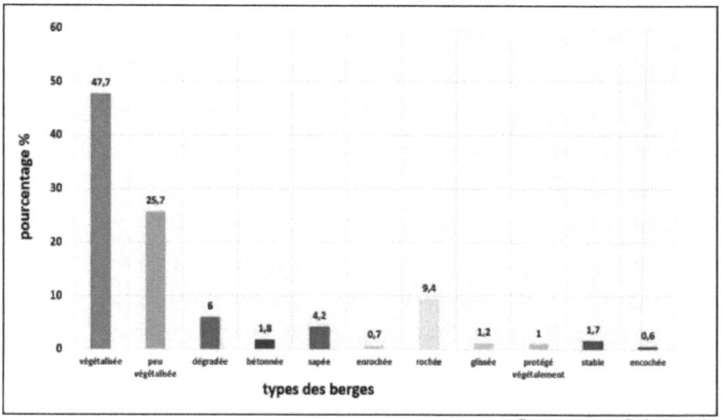

Source : travail du terrain

Da figura nº. notamos uma variabilidade marcante entre os diferentes tipos de bancos representados na margem esquerda da seguinte forma:

* O tipo mais representado é o tipo vegetado, com uma percentagem superior a 47% e o tipo pouco vegetado com uma percentagem de 25,7%.
* Os tipos moderadamente representados são o tipo rochoso, o tipo solapado e o tipo degradado com uma percentagem que oscila entre 4,2 e 9,4%.
* Os tipos pouco representados são: o tipo rocha, o tipo concreto, o tipo estável, o tipo entalhado com percentual inferior a 2%.

Resultados gerais nos bancos:

Para comparar os resultados do mapeamento dos tipos de bancos nas duas margens direita e esquerda, apresentamos a tabela e a figura abaixo:

Tabela 21: comprimentos dos tipos de bancos em ambos os bancos

Tipos de bancos	Comprimento em m	
	Banco correto	Margem esquerda
Vëgëtalisëe	12192	10502
Pouca vegetação	5881	5647
Dëgradëe	787	1328
Sapé	837	925
Rochee	780	2060
Enroché	132	153
Escorregou	105	253
Vegetal protegido	400	229
Estábulo	641	371
Entalhado	0	140
Concreto	245	392

Fonte: tratamento pessoal, baseado em trabalho de campo.

Figura 44: Os tipos de bancos de Wadi Lakhdar e sua porcentagem em cada banco

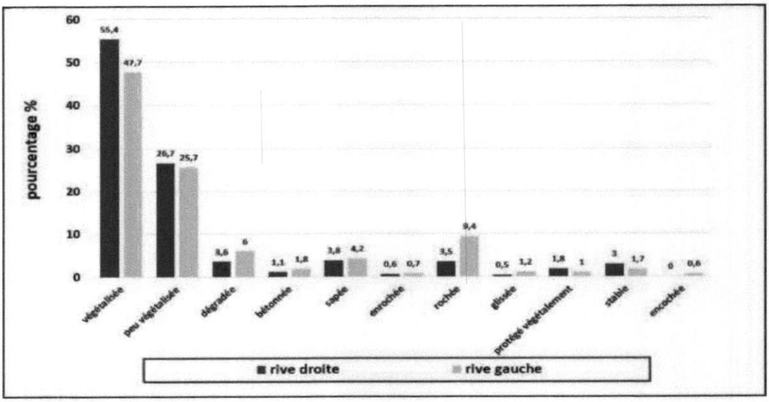

Fonte: trabalho de campo

As percentagens dos tipos de bancos de Wadi Lakhdar em cada banco, marcam a presença dos tipos mencionados anteriormente em ambos os bancos. Contudo, a comparação entre os percentuais dos dois bancos, para o mesmo tipo, mostra resultados em geral muito próximos.

As percentagens são muito diversas, oscilando entre 55,4 e 0,5 na margem direita e entre 47,4 e 0,6 na margem esquerda.

Conclusão do capítulo 2:

Para concluir este capítulo, podemos dizer que o mapeamento da morfologia das margens mostra a existência de um número bastante notável de tipos de margens no curso de água principal, com comprimentos e percentagens muito diferenciados. Neste enquadramento notamos a predominância do tipo vegetado, depois do tipo pouco vegetado, depois dos tipos rochoso e degradado.

Estes resultados testemunham uma dinâmica de grande importância mas com diferenças consoante a unidade de divisão, por um lado, dentro da mesma unidade, por outro.

Capítulo 3: Mapeamento de zonas de mobilidade e morfologias de fundo do canal Lakhdar wadi

Introdução :

Os rios são muitas vezes percebidos através da sua função de fluxo de água, uma visão redutora dada a complexidade dos hidrossistemas e os factores que influenciam o seu funcionamento. São, na verdade, uma sobreposição de diferentes unidades espaciais interligadas por diferentes fluxos (água, sedimentos e biológicos). Além disso, a origem, estrutura e evolução destes sistemas estão ligadas à dinâmica fluvial passada ou atual (Malavoi, Bavard, 2010).

O curso de água é regido por dois fluxos principais: os sedimentos (дёЬИ sólido) e água (йёЫ 1 líquido) que controlam o processo de erosão-deposição e, consequentemente, a dinâmica dos cursos de água, incluindo o de Wadi Lakhdar. Mas esta dinâmica é muito influenciada pela morfologia do fundo do canal do rio.

Este capítulo será dedicado ao estudo da cartografia, morfologia do fundo do canal e involução do é ^ ë do curso de água principal ao longo do tempo, bem como as mudanças transversais do leito de montante para jusante.

Mapeamento de espaços de mobilidade:

A identificação do espaço móvel de curto prazo é realizada pela análise da evolução temporal de © ^ ë fluvial (Piëgay et al., 2005). A sobreposição de fotografias aéreas históricas em um sistema de informação geográfica segundo método apresentado por Downward et al. (1994) permite extrair as superfícies erodidas entre diferentes datas, a taxa de erosão, a direção do movimento e a largura do canal ativo.

O traço do canal:

Neste contexto estudaremos a evolução de { шеё do canal entre 1985 e 2019 para identificar alterações geomorfológicas no curso e influências nos ambientes aquáticos e terrestres, com base em fotografias aéreas e mapas topográficos.

Mapa 25: traçado do canal Wadi Lakhdar entre 1985 e 2019

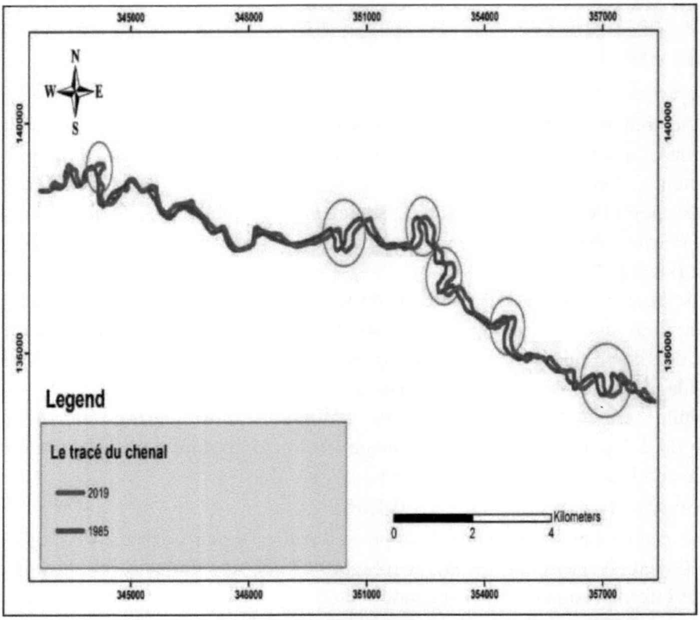

Fonte: Mapa topográfico Azilal 1/100000 e Imagem do Google Earth 2019

Através do mapa acima, notamos que a morfologia do curso sofreu uma evolução muito significativa entre 1985 e 2019, pelo que há alterações nas paisagens fluviais especialmente nos meandros do wadi Lakhdar porque o curso de água procura sempre o equilíbrio e cria arcos marginais que desconectar do rio.

Modificações laterais das seções:

A sobreposição num sistema de informação geográfica das cinco séries de imagens aéreas permite visualizar a evolução do tráfego fluvial (secção de referência). Para cada título disponível, a área coberta pelo canal ativo no nível de banco cheio tem ë 1. ë numërisëe. Então as superfícies têm ë 1 ë elievttuelK'es para visualizar as áreas em erosão e as áreas em acumulação.

Figura 45: Migração lateral de uma seção do wadi Lakhdar

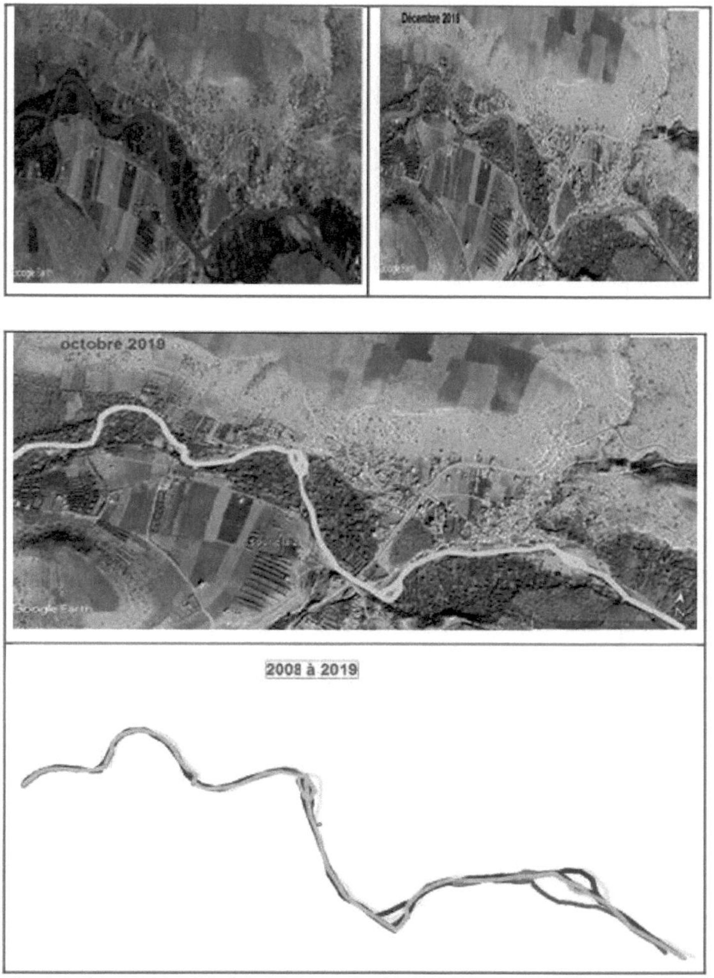

Fonte: imagem do Google Earth

O perfil ao longo do curso de água:

A importância do estudo da secção transversal do rio reside no facto de permitir a comparação entre a parte montante, média e jusante e evidenciar os factores que controlam as alterações do curso de água, evidenciando assim as diferenças na largura do curso de água principal. e a forma do fluxo em cada parte.

Figura 46: seção transversal da parte montante

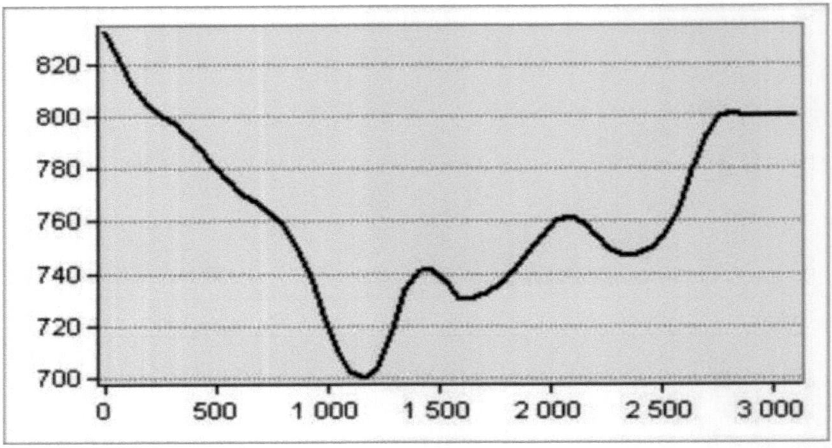

Fonte: Mapa topográfico Azilal 1/100000

Notamos através da figura acima, que nos mostra o formato da seção transversal da área de estudo a montante, que o formato do curso d'água é semelhante à letra V e isso se deve ao fato desta região possuir altitudes muito elevadas.

Figura 47: a seção transversal da parte central

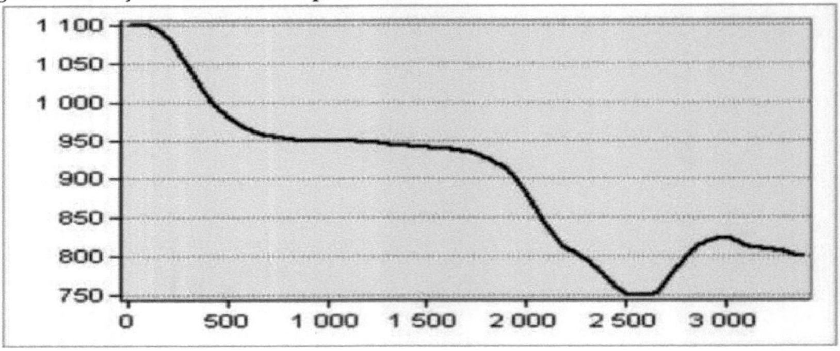

Fonte: Mapa topográfico Azilal 1/100000

Notamos através da figura acima que nos mostra o formato do corte transversal da parte média do rio, mostrando-nos que a morfologia do vale difere da morfologia da região alta, e isso se deve necessariamente à natureza do movimentos que caracterizam esta região, além do declive que se tornou algo ligeiro, e também nos mostra que o caudal passou a ter a forma de U.

Figura 48: seção transversal da parte a jusante

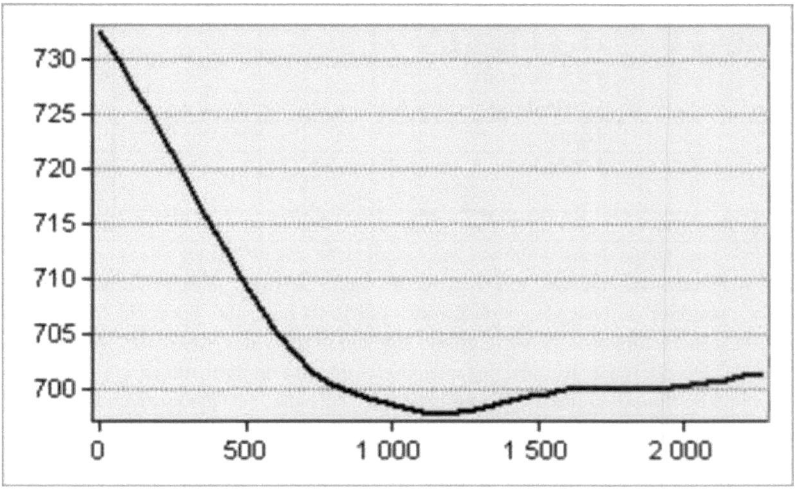

Fonte: mapa topográfico do Azilal 1/100000 Notamos através da figura acima, que nos mostra o formato da seção transversal da planície de inundação, que a região sofre baixas altitudes além de que esta parte recebe materiais que são preparados a montante, e portanto o curso de água é muito largo.

A variabilidade espacial da mobilidade:

A conjunção de fatores que controlam a mobilidade sedimentar resulta numa variabilidade espacial da mobilidade das partículas. Assim, em rios com carga grossa, as macroformas sedimentares desempenham um papel significativo na mobilidade das partículas, na medida em que a sua presença induz uma modificação na distribuição espacial de determinados factores que controlam a mobilidade sedimentar (Lamarre e Roy, 2008).

Foto 15: a mobilidade lateral de um meandro (seção 7)

Fonte: visita de campo, abril de 2020

Tabela 22: tipos de mobilidade na seção nº 7.

Posição dentro da seção transversal		Banco	Canal	Banco
Posição dentro do banco	Chefe de bancada	+ + +	++	+
	Parte do meio	+	+	+ + +
	Cauda de banco		+	+ + +
	Limite	++	++	++
Posição dentro do sistema	Molhado	+		+ + +
Na escala da seção		+	+	++

Pela foto e pela tabela acima notamos que Localização das diferentes zonas consideradas na tabela Num transecto (secção AB): margem, canal, margem. Em perfil longitudinal na bancada: cabeceira da bancada, parte central, cauda da bancada. No perfil longitudinal do canal: alternância limiar-molhado. Resumo das áreas de maior tensão (e, portanto, maior mobilidade) em diferentes escalas, dependendo da posição da partícula dentro da forma. + + += mobilidade muito elevada, ++= mobilidade elevada, += mobilidade superficial, -= depósito preferencial.

Mobilidade das partículas na base da margem:

A questão é saber como se dá a erosão da margem do fundo, ou seja, quais são os mecanismos de mobilidade sedimentar. É provável que haja uma seleção granulométrica e, portanto, o início de um fenômeno de pavimentação, segundo o mesmo mecanismo geralmente descrito nas bancadas. Mas será o fenómeno da pavimentação uma função forte da hidrologia? Por exemplo, poderíamos pensar que a zona mais sensível à saída de partículas não está exatamente no fundo, mas na borda do leito de baixo fluxo.

Foto 16: margem localizada em sinuosidade com declive erosivo

Fonte: foto pessoal, abril de 2020

Os processos de dinâmica fluvial no leito menor:

Qualquer curso de água pouco акёге erode, transporta e deposita materiais sólidos provenientes das partes a montante da bacia e de suas margens sujeitas a processos erosivos. Os processos de erosão / deposição, sob o efeito do escoamento e do declive, contribuem para conferir ao leito menor a sua geometria longitudinal e transversal, bem como a sua forma plana (поттёе estilo rio). Assim, dependendo da quantidade de materiais transportados, do carácter mais ou menos coeso das margens e da potência do curso de água, teremos um leito sinuoso, um leito trançado, etc. O escoamento líquido (Q), que varia com as estações e precipitações, e o escoamento sólido (Qs), constituído por materiais minerais finos e grosseiros, estão na origem dos processos de erosão / deposição. Contribuem para os ajustes morfológicos do curso d'água. A operação em equilíbrio dinâmico é caracterizada por uma oscilação regular entre erosão e deposição. Este conceito é esquematizado pelo equilíbrio de Lane.

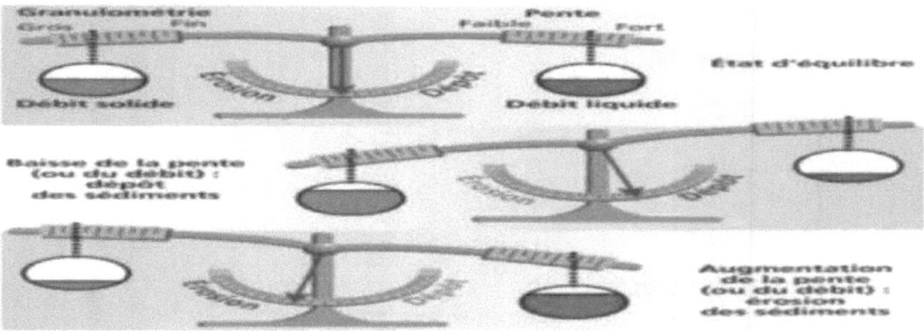

Fonte : www.glossaire.eaufrance.fr

O equilíbrio de Lane (depois de EW Lane e W. Borland) ilustra o princípio do equilíbrio dinâmico do rio. Um curso de água, com alto fluxo de líquido e/ou declive acentuado, é carregado com materiais sólidos em um ponto específico.

Zonas preferenciais de erosão e deposição:

Zonas preferenciais de erosão e deposição são observadas no curso de água de Wadi Lakhdar. Em trechos sinuosos ou medriformes, a margem côncava é uma zona preferencial de erosão sob efeito da força centrífuga, enquanto a margem convexa é uma zona preferencial de depósitos materiais .

Foto 17: zona de erosão e deposição

Fonte: visita de campo, abril de 2020

Modo de fluxo:

O modo de escoamento desempenha um papel importante na determinação das formas resultantes da dinâmica do rio, tanto na margem como no fundo do vale. A forma do escoamento do rio varia com as estações. Ao nível do vale de Lakhdar wadi, encontramos fortes escoamentos durante os períodos de inverno e primavera, bem como devido às quantidades de água drenadas da barragem de Hassan ler, o que torna a capacidade do rio em cavar as margens e o fundo do canal.

Foto 18: exemplo de fluxo laminar durante o período de vazante

Fonte: visita de campo, abril de 2020

Foto 19: exemplo de fluxo torrencial durante o período de cheia

Fonte: visita de campo, março de 2020

Mapeamento da morfologia do fundo do canal:

O que é um canal?

Canal: " canal " natural ou artificial que contém água corrente (de forma permanente ou periódica). O fundo do canal de um curso de água é a zona onde a água corre ao pé das margens, principalmente nos períodos de vazante. Muitas vezes é delimitado pela vegetação das margens. Durante os períodos de cheia, a água excede esta zona.

Os elementos mapeados na parte inferior do canal:

Bancos:

A margem de um curso d'água é uma extensão de sedimentos de diversos tamanhos, formados pelo processo sedimentar (erosão, transporte e deposição no curso d'água). Estas bancadas podem ser do tipo vegetadas, ou não vegetadas, dependendo da densidade das plantas que contêm.

Foto 20: exemplo de bancos no fundo do canal

Fonte: visita de campo, abril de 2020

Limiares naturais:

Um limiar natural no fundo do canal do curso de água, talvez uma pedra grande, uma planta, uma margem desabada ou escorregada, que bloqueia a totalidade ou parte do leito menor. Tem um impacto significativo, particularmente no tamanho das partículas do substrato. Os açudes são particularmente conhecidos por interromperem o trânsito da carga sólida, conduzindo geralmente à incisão e/ou pavimentação dos leitos a jusante. A presença de uma soleira cria uma elevação da linha de água a montante da soleira.

Foto 21: Limiares naturais encontrados no fundo do canal de Wadi Lakhdar

Fonte: visita de campo, abril de 2020

Os limites construídos:

Uma soleira construída pode ser uma estrutura artificial em betão, alvenaria, gabiões, enrocamento, madeira, metal, etc. Permite, em certos casos, abastecer um canal de desvio, explorar uma força motriz de água, captar água em melhores condições. condições, graças à elevação da linha de água a montante da soleira. Este tipo de soleira forma-se em locais caracterizados quer por congestionamentos, quer por mudança brusca de orientação do curso de água, onde a profundidade é rasa.

Foto 22: exemplos de açudes construídos no canal de Wadi Lakhdar

Fonte: visita de campo, abril de 2020

As geléias:

Um congestionamento de gelo é uma obstrução no leito de um curso de água. O tamanho da cama desempenha um papel crucial na natureza dos ajustes da cama. Contudo, uma carga grosseira, na maioria dos casos, resulta de fornecimentos de sedimentos muito localizados, nomeadamente da erosão das margens, cujo tamanho de grão é semelhante ao das partículas que constituem o fundo do leito.

Foto 23: exemplos de jams no canal de Wadi Lakhdar

Fonte: visita de campo, abril de 2020

As pontes:

Uma ponte é uma obra de arte, uma obra de engenharia civil, destinada a permitir a passagem de um obstáculo (curso de água, via de comunicação, etc.) passando por cima dele. Uma ponte pode suportar uma estrada, uma ferrovia, um canal ou um oleoduto.

Foto 24: exemplos de pontes em Wadi Lakhdar

Fonte: visita de campo, abril de 2020

Tabela 23: Pontes no fundo do canal de Wadi Lakhdar

Trongon	**Tr1**	**Tr3**	**Tr5**	**Tr6**	**Tr10**
Número de pontes	2	1	2	2	1

Os resultados do mapeamento das pontes indicam a existência de oito pontes na área de estudo em cinco trechos dos onze.

Extração do agregado:

A extração de agregados é uma ação que visa extrair aluviões de um curso de água. (**Malavoi e Bavard, 2010**), sem autorização para construção de casas e comércios. Estas extrações de areia e cascalho podem muitas vezes contribuir para a produção de zonas de ruptura de trânsito de sedimentos e/ou através da criação de um défice de carga no leito (**Riquier, 2015**).

Conclusão do 3 ®ᵐᵉ capítulo:

Para concluir este capítulo, podemos dizer que o curso principal do Lakhdar wadi está passando por mudanças significativas e isso se deve a vários fatores, incluindo a sua constante busca pelo equilíbrio entre suas duas margens, o que deixa múltiplas formas nas margens e no fundo do canal. Esta mobilidade do rio é também o motor da biodiversidade, em particular das espécies vegetais existentes em ambas as margens do rio, bem como no interior do curso de água (o leito menor), para além do efeito da dinâmica do curso na agricultura operações e uso da terra no leito principal.

Conclusão geral do 3 ®ᵐᵉ papel :

Para concluir esta parte, podemos dizer que o mapeamento da morfologia das margens mostra a existência de um número bastante notável de tipos de margens no curso de água principal, com comprimentos e percentagens muito diferenciados. Neste enquadramento notamos a predominância do tipo de vegetação, depois do tipo de vegetação rasteira, depois dos tipos rochoso e degradado.

Estes resultados testemunham uma dinâmica de grande importância mas com diferenças consoante a unidade de divisão, por um lado, dentro da mesma unidade, por outro.

Por outro lado, o curso principal do wadi Lakhdar está a sofrer alterações significativas e isso deve-se a vários factores, incluindo a sua constante procura de equilíbrio entre as suas duas margens, o que deixa múltiplas formas nas margens e no fundo do rio. cienal. Esta mobilidade do rio é também o motor da biodiversidade, em particular das espécies vegetais existentes em ambas as margens do rio, bem como no interior do curso de água (o leito menor), para além do efeito da dinâmica do curso na agricultura operações e uso da terra no leito principal.

De referir ainda que as margens e os elementos mapeados do fundo do canal sofreram diversas intervenções antrópicas: trabalhos de recalibração, enrocamento, proteção de margens, ponte, limpeza de passagens, extração de agregados e muitas outras. Essas intervenções podem trazer modificações diretas na morfologia do leito menor, ou mesmo do leito maior. Os impactos destas actividades humanas na estabilidade dos cursos de água estão, no entanto, mais ligados à modificação dos fluxos de água e sedimentos no curso de água.

Conclusão geral e perspectivas

A bacia de Oued Lakhdar está localizada no Médio Alto Atlas e é caracterizada por uma variedade de características naturais e humanas, pois faz parte de bacias montanhosas e a sua área é estimada em aproximadamente 3.109 km^2, pois é caracterizada por feições topográficas dominadas por altitudes elevadas e uma rede hidrográfica densa, mas a nível geológico as formações frágeis são superadas e são posições que pertencem ao tempo. Quarto, o clima da bacia é um clima caracterizado pela concentração de precipitação durante o inverno, e a bacia. é caracterizada por um comportamento hidrológico dominado por cheias ao longo do ano.

Estas características topográficas, climáticas e hidrológicas contribuem para uma atividade dinâmica fluvial baseada na filosofia de abrasão, transporte e sedimentação.

Esta dinâmica varia significativamente de acordo com as secções transversais em função da largura e do comprimento da secção do curso de água. E de acordo com a tipologia das margens e os elementos mapeados do fundo do canal. No entanto, os resultados do mapeamento da morfologia das margens mostram a existência de um número bastante notável de tipos de margens no curso de água em estudo, com comprimentos e percentagens muito diferenciados.

Estes resultados testemunham uma dinâmica de grande importância mas com diferenças consoante a unidade de divisão, por um lado, dentro da mesma unidade, por outro.

Neste contexto, se utilizarmos os resultados obtidos especialmente os do capítulo 7 sobre a dinâmica fluvial de Wadi Lakhdar, podemos dizer que os investigadores do futuro e todas as pessoas preocupadas com o problema da gestão da água e da protecção dos sistemas hídricos e da restauração de ambientes naturais podem ser implementados para desenvolver um modo de intervenção neste curso de água de uma forma mais razoável. Entre as recomendações que podem ser propostas:

- **Proibição de extração de materiais.**
- **Remoção das proteções bancárias existentes, a menos que haja riscos elevados.**
- **Rejeição de qualquer pedido de proteção bancária, a menos que os riscos sejam elevados e sejam bem estudados.**
- **Remoção ou redução da altura das soleiras existentes.**
- **Proibir o sobrepastoreio, especialmente no canal do rio.**
- **Pare de separar a economia e a proteção da natureza.**
- **Estudo hidrológico obrigatório antes de qualquer desenvolvimento no curso de água.**

Bibliografia

* Lain Recking, DR (nd). Torrentes e rios de montanha: Dinâmica e gestão. P 50
*ARDOIN-BARDIN, S. (2004, 19 de abril). Variabilidade hidroclimática e impactos nos recursos hídricos em grandes bacias hidrográficas na zona Sudano-Saheliana. Tese para obtenção do grau de doutor pela Universidade de Montpellier ii. Montpellier, França.
* Arnaud, Piegay, H. Schmitt, L. e Rollet, A.-J. (2011). Restauração da dinâmica sedimentar do Antigo Reno a jusante da barragem de Kembs: Análise geomorfológica temporal e espacial. Seminário de doutorado em geomorfologia fluvial, Lyon, França. [P. 84, 91]
* BALLAIS, J.-L. (2011). O método hidrogeomorfológico para determinação de zonas de inundação. França.
* Bavard, J.-RM-P. (2010). Elementos de hidromorfologia fluvial. Lyon, França: Veronique Barre (Direção de Ação Científica e Técnica Onema).
Beaulieu, C. (2009, 23 de março). Homogeneização de séries de precipitação: identificação das técnicas mais promissoras e novos desenvolvimentos. Tese apresentada para obtenção do grau de Doutor em Filosofia (Ph.D.) em ciências da água, 299.
* Benabelhadi, M. (2013-2014). Hidrologia superficial e qualidade da água. Mestrado em Ciências do Solo, Departamento de Meio Ambiente, Faculdade de Ciências e Tecnologia, FES.
* Bernasconi, L. (2012, 1). Mestre em Geografia, Faculdade de Geociências e Meio Ambiente, Universidade de Lausanne, 205. Lausanne, Suíça.
* Bernasconi, L. (2012). Análise dos efeitos das eclusas no funcionamento hidrossedimentar dos rios: o caso do Moesa (GR/TI) e do Morobbia (TI). Mestre em Geografia pela Faculdade de Ciências e Meio Ambiente.
*LAUSANNE.BOUANANI, A. (sd). Hidrologia, transporte de sólidos e modelação Estudo de algumas sub-bacias de Tafna (NO-Argélia). Tlemcen, Argélia.
*BOUDHAR, A. (2009, 21 de dezembro). Detecção remota da cobertura de neve e modelação da contribuição da água do degelo para os fluxos dos Oueds do Alto Atlas de Marraquexe. TESE de Doutorado, Faculdade de Ciências e Tecnologia de Marrakech, Especialidade: Hidrologia e sensoriamento remoto. Marraquexe, Marrocos.
*Bavard, J.-P. O vale do baixo Ain: dinâmica fluvial aplicada à ecologia. Em Roux, AL, editor: Documentos de Mapeamento Ecológico, pesquisa interdisciplinar sobre os ecossistemas da planície do baixo Ain (França): potencial evolutivo e gestão, volume 29, páginas 17-43. Edições do CNRS. [P. 107, 167]
*Bavard, J.-P. e Petit, F. (1997). ArmandColin. [P. 5, 8, 9, 37, 82, 146, 192]
*Chapuis, M. (2008). Contribuição para o estudo do transporte de sólidos por leito em condições naturais (torrente Bouinenc, Alpes-de-Haute-Provence): implementação da técnica de rastreamento de partículas por radioidentificação. Dissertação de mestrado, Escola Nacional de Engenharia Hídrica e Ambiental de Estrasburgo, França. [P. 68, 84, 89, 91, 112]
*CHAPUIS, M Mobilidade de sedimentos fluviais grossos em sistemas altamente antropizados: elementos para o manejo do vale do baixo Durance[P. 53, 82, 167, 183]
*DEMAIO. (2007). Manual de recuperação hidrogeomorfológica de cursos de água.
*ElGHACHI, M. (2007, novembro). O Seille: Um sistema fluvial antropizado (Lorraine, França). Tese de doutorado pela Universidade Paul Verlaine de Metz, disciplina: Geografia, II. Metz, França. [P. 9, 10, 19, 25, 56, 61,62, 304]

*GIRET A. (2007): hidrologia fluvial, elipses, 2007 (geografia universitária). P.262
*KHALLOU A. (2016): dinâmica atual do rio na bacia hidrográfica do wadi m'hasser. [P. 21, 75, 77]
*LABORDE, J. 2000. Elemento de hidrologia de superfície. Bela França[P19,20]
*MEUNIER, P. (2004, 115). Dinâmica de rios trançados. Paris, França. [P41,46,53]
Paquette, MH (2010). Indicador de desempenho de restauração bancária como ferramenta de apoio à decisão. Trabalho apresentado ao Centro Universitário de Formação Ambiental com vista à obtenção do grau de mestre em ambiente (M. Env.). Canadá. P.25
*AHT GROUP AG -RESING.2016Diagnóstico da sub-bacia de Lakhdar, [P.11, 12, 14, 26, 30].
*TAOUS, A. (2005): geomorfodinâmica fluvial. Publicação da série sais-Fes da faculdade de letras e ciências humanas: " teses e monografias " n° 11, [P. 33, 37, 39, 57, 117, 178, 192].

MIX
Papier aus verantwortungsvollen Quellen
Paper from responsible sources
FSC® C105338

Printed by Books on Demand GmbH, Norderstedt / Germany